U0170164

浙江省新型重点培育智库浙江省文化产业创新发展研究院成果

舌尖上的旅行：
旅游中饮食消费的价值研究

SHEJIANSHANG DE LÜXING:
LÜYOUZHONG YINSHI XIAOFEI DE JIAZHI YANJIU

管婧婧　夏　明 著

华中科技大学出版社
http://press.hust.edu.cn
中国·武汉

图书在版编目(CIP)数据

舌尖上的旅行:旅游中饮食消费的价值研究/管婧婧,夏明著.—武汉:华中科技大学出版社,
2022.12

(中国旅游智库学术研究文库)

ISBN 978-7-5680-8346-1

I.①舌… Ⅱ.①管… ②夏… Ⅲ.①饮食-文化-旅游业发展-研究-中国 Ⅳ.①TS971.202
②F592.3

中国版本图书馆 CIP 数据核字(2022)第 223465 号

舌尖上的旅行:旅游中饮食消费的价值研究   管婧婧 夏 明 著
Shejian shang de Lüxing:Lüyou zhong Yinshi Xiaofei de Jiazhi Yanjiu

策划编辑:汪 杭
责任编辑:洪美员
封面设计:原色设计
责任校对:曾 婷
责任监印:周治超
出版发行:华中科技大学出版社(中国·武汉)   电话:(027)81321913
       武汉市东湖新技术开发区华工科技园   邮编:430223
录   排:华中科技大学惠友文印中心
印   刷:武汉市洪林印务有限公司
开   本:710mm×1000mm   1/16
印   张:11.75
字   数:222 千字
版   次:2022 年 12 月第 1 版第 1 次印刷
定   价:69.80 元

前言 FOREWORD

　　饮食文化是人类社会发展到一定阶段的产物，当采集、种植、渔猎所获足已满足日常营养所需，对饮食的选择、制作和进食过程就会逐渐演变为对相应的规范和审美的追求，饮食文化就此诞生。换而言之，饮食生活方式的形成最初受到了人类觅食本能的驱动，但是其发展方向又远远高于本能，并最终走向对精神需求的满足。寻找食物和栖息地的需求，会驱动人的迁徙，迁徙同样受到本能的驱动。迁徙路上，虽然也会欣赏到沿途风光，但尚不能称之为旅游。当农业社会产生后，人类迁徙的意愿大大下降，因为迁徙可能会降低人的安全感。所以，在农耕文明发达的中国古代，如果不是生活所迫，社会各阶层对迁徙都有天然的抗拒。因而，把人从一个地方赶往另一个地方，从一个文化圈送到另一个文化圈，往往被用于对个人犯错时的惩罚。"父母在，不远游"的文化氛围下，"游学""宦游"则是为了实现兼济天下的理想而不得不付出的代价。在压制"人欲"的时代，远离故乡车马劳顿的旅行等同于玩物丧志，既不能提升个人德行，也不能直接增长社会财富，常被视为毫无意义的事情。

　　这种观念在近现代发生了变化，马克思在《1844年经济学哲学手稿》中提到了人性的回归，他明确指出："人必须既在自己的存在中也在自己的知识中确证并表现自身。"现在，合法地利用产品和服务来满足人的基本需求，不再被视为道德上的缺陷。随着物质的日渐充裕，基础设施的日趋便利，人探索世界的本能被唤醒了，探索世界的目标已不再是寻找食物和安全住所，而是对身体享受的追求，对生活意义的寻觅，对自身价值的认可。人的发展必将由"物的依赖关系"，逐步进入"自由个性"阶段。在苦行僧式的旅行中，饮食只是为了满足身体的营养，但是在追求自身价值的旅游中，探索世界各地的饮食则成为其中最不可或缺的组成部分。如果说"世界这么大，我想去看看"反映了当代人探索未知世界的欲望，那么"想吃啥就吃啥"这句话，则已经将单纯的口腹之欲上升到了高层次的精神享受，依靠饮食来实现对人类终极需求的满足。

在探索世界以实现人生价值的过程中，从自己惯习的环境中走到非惯常的环境，从自己惯习的饮食切换到未知的饮食，旅游与饮食的结合越来越紧密。游客对旅游目的地的探索，不再局限于自然风光和人文古迹，而是逐渐深入到当地的风土人情中，饮食则是在探索一方水土的过程中最容易找到的载体。饮食在旅游中的"戏份"越来越多，已然成为旅游过程中重要的一个环节。为了一口正宗的小面、一杯心仪的奶茶，来一次说走就走的旅行，从过去的"匪夷所思"到今天的"可以理解"，可以预期，在消费越来越分群，越来越分层的未来，饮食体验会在旅游中更趋"中心化"，成为出游的核心驱动因素。

饮食是植根于某个地方的人的生活方式，是人们在岁月长河中的生活践行。由"食"而读懂一座城，是一个复杂的发现过程，是对食物自然属性与社会属性的双重认识，是嵌套在地域环境、社会变迁、时代背景、人际关系的多重理解。从这一角度而言，旅游中的饮食消费归根结底是在旅游目的地的饮食消费。旅游目的地孕育了当地饮食消费的价值，又被这一价值所反哺，触发当地关联产业的发展和目的地旅游吸引力的构建。

如何发掘、利用好饮食文化资源,将饮食文化融入目的地的旅游产品中,已然成为越来越多旅游目的地探索的课题。

对旅游和饮食的探讨,离不开饮食、旅游的人和旅游发生的地方这三个维度,因此本书的架构将围绕地方饮食、旅游者和旅游目的地三者展开。首先,围绕当地美食,从感知价值的角度,结合对游客的访谈和问卷分析,回答旅游者需要什么样的地方美食,或者说什么样的地方美食才是对旅游者具有价值的,从而归结出内隐功能性价值、外显功能性价值、体验价值、社会价值、道德价值和文化价值六个方面的价值诉求。其次,将地方美食与旅游者相联系,基于问卷调查数据,探讨了地方美食会如何影响到旅游者对当地美食的消费以及对旅游目的地的评价,在这一影响中充分考虑了旅游者的个人特质所引发的感知差异和行为差异;在模型构建中强调了旅游的特殊情境,即从惯常向非惯常环境的流动,将旅游者在常住地的饮食消费与旅途中的饮食消费进行了关联。最后,将地方美食与旅游目的地相联系,结合浙江"百县千碗"工程,力图解析旅游目的地应该开发何种当地美食以及如何开发的问题,从而较为全面地刻画了旅游与饮食之间的多重关系。

此外,本书的核心观点需在此一提。首先,在可持续发展的今天,消费也好,供给也好,更应该注重饮食道德价值,在发展旅游目的地的饮食产品时需要走出消费主义陷阱,培育负责任的消费者和供给者,在享受美食带来的美好体验的同时,也当思一粥一饭来之不易,享受而不纵欲,发展而不浪费,践行可持续理念。其次,谈论旅游中的饮食消费,必然要考虑旅游的情境。饮食兼容性、饮食对比度、饮食中心性都是旅游者从常住地向目的地流动过程中才会遇到的问题。如果不能理解旅游的情境,对旅游和饮食的理论研究就无从谈起。最后,旅游与饮食的研究最终将以实践为导向。饮食消费对于游客体验提升、目的地收入增长、目的地吸引力增加都具有显著意义。在实践上,饮食旅游又是属于可操作、可落地的目的地发展要素,因此理论研究要服务于目的地实践,积极推动目的地的饮食开发。从这一角度来说,研究饮食旅游的感知价值,为旅游目的地开发出让游客具有获得感的饮食产品提供了思路。而解析浙江实施的"百县千碗"工程,也会将理论化对策与实践进行联结,更具有指导意义。

"夜半酣酒江月下,美人纤手炙鱼头。"美食美景,人生快意。如果拙作能够带给读者一丝阅读的愉悦,吾愿足矣。本书受国家自然科学基金面上项目"心理所有权视角下的居民多层次参与乡村旅游发展行为研究"(72074194)资助,由浙江工商大学管婧婧和浙江中医药大学夏明共同撰写完成,在成书过程中受到了多位良师益友的指点和帮助,在此一并表示感谢。由于作者水平有限,书中难免有不当之处,敬请同行、读者批评指正,我们不胜感激。

管婧婧　夏　明

辛丑年桂子黄时于杭州

目录 CONTENTS

第1章 绪 论

1.1 本书的研究背景

1.1.1 源远流长的中国饮食文化

饮食对于中国人来说至关重要。林语堂在其经典散文集《吾国吾民》中写道:"如果说我们(中国人)真正关心的是什么,那不是宗教,也不是学问,而是食物。我们公开称赞'吃'是人类生活中为数不多的乐趣之一。"在数千年的积淀中,中国孕育并形成了深厚的饮食文化。广袤无垠的大地生产着丰富多样的食材和调料,并在此基础上衍生出了各色各样的地方风味,也就是菜系。所谓菜系,就是在一定的自然地域或者行政区域内,具有相同的物产、气候、民风、食俗等共性,饮食人群在饮食习惯和生活习俗方面相同或者非常相似,经过长期的社会发展、文化积累、历史沉淀后形成的具有较大饮食影响的一类地方菜。20世纪50—70年代,川、鲁、粤、苏成为最早的"四大菜系",随后又出现了"八大菜系""十大菜系""十二大菜系"等多种菜系说(石自彬,2021)。考虑到中国每个行政区划内都可能有特色鲜明的区域饮食文化或菜品文化特征,以及区域为自己地方菜正名的需要,2018年,中国烹饪协会构建了以省级行政区域划分的地域菜系内涵,确认了全国34个地域(含港澳台)菜系。在每一个菜系中都有上千道菜,如粤菜有2000多道菜、川菜有4000多道菜,据不完全统计,中国有超过10000种菜肴(杨丽,2001)。地域美食的多样性让品尝地方美食成为人们旅途中的重要活动。

"醺醿小事,却跟文化息息相关。"饮馔烹调不只是为了满足口腹之欲,更是一种文化和艺术。中国菜的成品要求形美、味厚、即食,讲究质、香、色、形、器、味、适、序、境、趣的审美"十美"原则,在菜品之外也讲究饮食习俗、饮食场所和饮食方式(延鑫,2016),对饮食追求的是一种难以言传的"意境",既艺术,又感性(张立华,2012)。孙金荣(2007)认为,中国饮食具有十分鲜明的特色。中国饮食的农耕、农本文化特征源于中国传统的农业文明;中国饮食文化具有的政治伦理、宗教伦理、社会礼俗等文化特质源于中国道德本位的伦理型文化;中国饮食中的和合文化特征源于中国贵和尚中、天人合一、五行相生等文化内涵。

中餐还具有以食表意、以物传情的特点,也就是中国饮食的社会心理功能。吃喝宴饮实际上是一种别开生面的社交活动,在人与人之间的情感交流中起到了重要的媒介作用(张立华,2012),但从饮食开始的好客之礼也导致了自古以来的铺张之风。从大都市到小乡镇,从公款宴请到私人请客,筵席菜单琳琅满目,造成了极大的浪费(邵万宽,2015)。中国科学院地理科学与资源研究所和世界自然基金会在 2015 年联合发布的《中国城市餐饮食物浪费报告》披露,在中国餐饮业平均每人每餐会浪费 93 克食物,浪费率为 11.7%,年浪费总量高达 1700 万—1800万吨。中国饮食文化如何在新时代革故鼎新,在传统优良食风的基础上不断发扬光大,成为亟须破解的课题。

1.1.2　旅游情境中的饮食消费

旅游与饮食消费之间的关系不可谓不密切。首先,食物是游客的基本需求,是旅游服务的重要组成部分。几乎所有的游客都会在目的地就餐,在旅途所有可能的开支中,游客最不可能削减的就是食物开支,游客将近 40% 的费用用于就餐。在美国,在餐厅就餐被海外游客列为第二受欢迎的活动。目的地餐厅有近 50% 的收入来自游客。饮食消费收入是目的地经济的重要贡献者。

当然,旅途中的饮食并不仅仅是为了果腹。与在家乡的饮食消费一样,它也是文化、审美和社交活动。由于家途二元情境①的存在(管婧婧等,2021),旅途中的就餐更是一种独特而愉快的体验。Ross 认为,目的地的就餐体验可能会形成整个度假体验的最高点和最低点。换言之,食物可能是旅途中最难忘的部分,极大地增强了游客的整个旅行体验;反之,对目的地餐饮的不满也会带来负面影响,甚至会将游客从目的地驱离。

饮食消费在旅游体验中之所以占据重要位置,不仅仅是因为其能带来感官体验,更重要的是其所包含的文化意蕴。Douglas 认为,食物是一种象征性的交流形式,它是一个地域系统得以表达的媒介。因此,消费当地食物是融入另一种文化的重要手段,因为"它允许一个人在感官层面体验他者,而不仅仅在智力层面"。Reynolds 甚至认为,食物也许是游客体验目的地真实性的最后领域之一。

人类学家讲"食物塑造了我们"(We Are What We Eat),认为一个地方的饮食

---

① 关于家途二元情境的理论阐述,请延伸阅读《家与途:情境迁移下的旅游地感知重构》一文(论文发表于《旅游学刊》2021 年第 1 期,人大复印报刊资料《旅游管理》2021 年第 4 期全文转载)。

文化足以揭示该地区社会的特征和成员的身份认同,唤起文化体验、交流、分享和交往。因此,独特的饮食和饮食文化能为目的地提供一个与饮食有关的独特形象,有助于形成目的地的差异性,并成为吸引游客的重要特征。随着人们对独特的地方饮食的兴趣与日俱增,越来越多的人专程前往目的地品尝当地特色美食或名肴。在澳大利亚的一项调查中,19%的受访者表示食物和葡萄酒是他们度假的重点,而其他受访者则表示他们喜欢在度假中享用美食。Au 和 Law 发现,中国香港游客数量的增加与提供各种菜肴的餐馆的数量增加呈明显的正相关,在香港体验和品尝当地食物是游客到访此地的主要动机。同样,在意大利的调查表明,人们到意大利旅游的渴望很大程度上是因为意大利的美食。游客对饮食的热情促使目的地开始注重将食物作为宣传促销和开发的重点,特别是在口味和质量方面享有良好声誉的美食,更是将其作为核心旅游产品。例如,意大利美食界和葡萄酒行业,以食物为中心的营销策略极有力地促进了以食物为导向的旅游业发展,也促进了意大利葡萄酒和烹饪行业的发展。

1.1.3 美食旅游的兴起

19 世纪末的法国,美食元素已经成为当地特色的重要组成部分;20 世纪初,法国的美食旅游开始了。著名的《米其林指南》于 1900 年推出,这是关于酒店和餐馆的年度指南。从 20 世纪 20 年代起,《米其林指南》提供了法国不同地区各色美食和特色菜的信息,美食传承活动和传统餐馆成为法国乡村旅游产品的重要组成部分。随后,越来越多的国家开始重视美食旅游的发展。2015 年,世界旅游组织及其成员组织 Basque Culinary Center 与西班牙的 Basquetou、Gipuzkoa 省议会和 Donostia-San Sebastián 市议会合作,举办了第一届联合国世界旅游组织世界美食旅游论坛。这一世界性的美食旅游论坛至 2021 年已经举办了 6 届。

中国素有“美食天堂”之称。美食在旅游发展中一直处于比较重要的位置。乡村旅游最早的表现形式就是果园采摘游和品尝农家饭,只是这种旅游形式更多地被归为农业旅游。近年来著名的葡萄酒产区、白酒产区、茶产区,如山东烟台葡萄酒产区、贵州茅台镇(中国国酒茅台之乡)、云南普洱茶产区等也开始依托自己的饮品特产,打造葡萄酒、白酒或茶旅游(梁彬,2019)。截至 2021 年,联合国教科文组织“创意城市网络”评选出的 9 座世界“美食之都”中有 5 座在中国,分别是成都、顺德、澳门、扬州和淮安。但中国以美食为主要产品的旅游目的地并不多,这可能是受到多方面因素的影响。一是为美食而专门旅行的游客尚占少数;二是受传统旅游发展观念影响,旅游经营者更看重对山水、名胜古迹型旅游资源的开发,认为"吃"是旅游的服务要素,而非吸引物;三是中国的地方美食众多,每个区域都有自己的特色美食,美食已然融入了目的地的旅游产品中,未能受到目的地营销者的重视。

1.1.4　旅游情境中饮食消费的反思

有研究表明,游客对目的地的饮食不如他们所表达的那么热爱。Cohen 和 Avieli 在参加塞浦路斯当地饮食和旅游业的会议时发现,即使是宣称地方食物是目的地重要吸引物的专家,也没有在塞浦路斯的以服务居民为主的本地餐厅用餐。他们认为,一些游客,特别是远方的游客,对地方食物是很挑剔的,不愿意尝试。此外,他们还提出了这样一个问题:游客对当地食物的消费是否反映出他们渴望了解某个旅游目的地的饮食和文化? 同样,Jacobsen 和 Haukeland 发现前往挪威北部的游客主要依靠自助式餐饮,很少接受当地餐饮业的服务。他们指出,尽管游客对当地食物有着强烈的兴趣,但这种兴趣受到游客所感受到的地方魅力的影响。换言之,游客对当地食物的兴趣受当地食物的品质和目的地其他属性的共同影响。

此外,食物对目的地吸引力的贡献很容易被高估。目的地市场研究人员用来衡量旅游者市场规模的方法可能将实际市场规模夸大了 4—20 倍。McKercher 等在中国香港的研究发现,揭示了那些自认为是美食旅游者与非美食旅游者在旅游目的、用餐活动和餐饮支出方面的差别非常细微。在大多数情况下,即使是美食旅游者也不是为了享用食物而进行旅行。对慢食组织成员的调查发现,虽然他们对食物具有强烈的兴趣,也将饮食作为在目的地的重要活动,但并不会将此作为选择旅游目的地的主要考虑因素。因此,当我们提到目的地饮食时,也许要明确其对目的地的主要贡献不在于增加游客人数,而在于满足游客的体验,使游客对目的地产生深刻印象。

正如 Hall 和 Mitchell 所言,食物不仅仅意味着吃,还与身份、文化、生产、消费以及可持续性问题相关。中国的乡村旅游在发展之初主要的游览活动之一就是品尝农家菜,但这一活动也给当地带来了一定程度的污染。一项对成都三道堰古镇乡村旅游餐饮单位排污总量和排入受纳水体的污染量的调查发现,该地重点污染餐饮单位的排污总量为 37.91 吨/年,入河总量为 13.27 吨/年,且最主要的污染成分为动植物油,对河道影响较大(李玫等,2017)。另外,和大型餐馆、中小学生群体、公务聚餐等一样,游客群体也被视为餐饮食物浪费的"重灾区"。张盼盼等(2018)的实证研究表明,处于旅游状态的消费者人均食物浪费为 96.54 克,显著大于非旅游状态的消费者。在游客获得饮食体验的同时,引导其进行负责任的消费成为一个非常值得探讨的话题。由此可见,旅游目的地在以饮食作为主要吸引物发展旅游业时要考虑厨余污染、食物浪费等可能影响可持续发展的情况。

1.2　本书的研究对象

1.2.1　美食和旅游及相关概念

在关于美食和旅游的研究中产生了许多的术语,如食物和葡萄酒旅游(Food and Wine Tourism)、品尝旅游(Tasting Tourism)或者是美食家旅游(Gourmet Tourism)。其中,比较常见的术语有食旅游(Food Tourism)、美食旅游(Gastronomy Tourism)、厨艺旅游(Culinary Tourism)。一些学者认为这些术语非常相似,在很多情境之下可以互换使用。术语间确实有相通之处,但也有些许差异值得辨析(Ellis 等,2018)。

Hall 和 Sharples 在 *Food Tourism Around the Word*(《世界各地的美食旅游》)一书中,将“食旅游”描述为“以访问初级和次级食品生产商、食品节、餐馆和可以品尝或体验特别饮食的特殊区域作为主要动机的旅行”。这一概念被不少后来的食旅游研究文献所接受并采纳。

“厨艺旅游”这个词是 Long 在 1998 年首次提出的。她将其定义为有意识地、探索性地参与他人的饮食方式,参与包括消费、准备和展示食物、烹饪、膳食系统或非自己的饮食方式。然而,她的定义是排他性的、狭隘的,过分强调异域饮食文化的体验。Smith 和 Xiao 提出了一个限制性较小的厨艺旅游定义,即“厨艺旅游是指任何一种能够了解、欣赏或消费当地品牌美食资源的旅游体验”。换言之,厨艺旅游是一种对任何文化的有意和反思的邂逅,包括通过厨艺旅游了解自己的文化。厨艺旅游包括以美食兴趣为特别动机的旅行,以及有美食体验但不是主要动机的旅行。

一个类似术语是美食旅游,它被认为是“为了寻找和享用准备好的食物和饮料而进行的旅行”。世界旅游组织下属的旅游和竞争力委员会(The Committee on Tourism and Competitiveness of UNWTO)提出,美食旅游是一种旅游活动,以游客在旅游过程中与食物及相关产品和活动相联系的体验为特征。除了正宗、传统或创新的烹饪体验,美食旅游还可能包括其他相关活动,如参观当地的生产者、参加美食节和参加烹饪课程等。

上述三个定义都强调了食物及相关活动在旅游过程中的重要性,但各有侧重点。从字面理解,Richards 认为这三个术语处在生产—消费的连续统中(见图1-1)。生产端强调的是货品(Commodities),而消费端强调的是体验(Experience),商品(Goods)和服务(Service)位于连续统的中间。食旅游与生产端相联系;厨艺旅游强调的是加工后的商品及服务;美食旅游则注重消费和体验。如果深究每一定义的内涵,会发现食旅游强调食物及相关活动的核心地位,认为由此激发的旅游行为才能被称为食旅游。相对而言,厨艺旅游和美食旅游的概念界定更为宽泛一些,食物及相关活动若不是主要出游动机,只要是重要的体验内容和活动项目也可以被认为是厨艺旅游或美食旅游。而厨艺旅游和美食旅游都强调了旅途中食物消费的文化性,只是厨艺旅游偏重于游客的文化感知视角,而美食旅游更偏重于东道主的视角,强调美食在东道主文化中的地位。

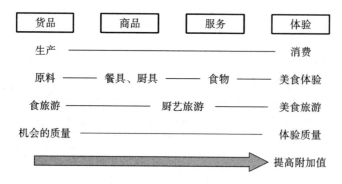

图 1-1　不同美食旅游定义的连续谱

在国内,关于食旅游的研究中,主要用美食旅游和饮食旅游两个术语。钟竺君等(2021)认为,美食旅游与饮食旅游是既有联系又有区别的两个概念。研究内容的交叉体现在饮食文化、旅游开发、旅游资源等方面,但美食旅游研究偏重于城市或地区美食发展及其带来的效益,饮食旅游研究则偏重于文化挖掘与资源开发。不过这一结论的得出是基于现有文献的计量分析,而非内涵分析。从中文语义来说,美食旅游突出一个"美"字,也就更强调所食的对象是美好的,而饮食旅游则与美食旅游一样兼顾了饮料与食物。因此,中文弃厨艺旅游的概念不用,大致是考虑到厨艺更偏向食物从原料到产品的加工过程,未必是游客体验的重点。

综上,本书并不严格区分美食旅游与饮食旅游,两者皆可使用。这是考虑到以下几点:一是食品通常涵盖了饮料;二是能单独成为旅游资源的饮料种类有限,主要是世界三大饮料——茶、咖啡和可可,而对饮料的旅游化利用和开发,这与食品之间并无特别巨大的差异,统称为美食旅游;三是美食旅游中的"美"字突出了旅游过程中的饮食消费具有审美意蕴,是重要的文化体验和愉悦感受的来源,较之饮食旅游具有更丰富的内涵。

1.2.2　旅游情境中的饮食消费的概念

饮食是绝大多数游客在旅游目的地不可或缺的一项活动。有学者通过列举旅游过程中饮食消费的相关案例来证明,在旅游饮食中,马斯洛需求层次理论中的五个层次的需求可以被同时满足。虽然说饮食消费在旅游中占据重要地位,但与渐成体系的旅游研究相比,旅游中饮食消费的研究占比甚微,研究尚比较薄弱。

狭义的旅游中的饮食消费,指向的是旅游者在旅途中的饮食消费动机、体验和行为。其中,饮食消费的行为包括消费金额、支付意愿、重复购买、就餐地点选择、食物或相关活动偏好、食物浪费等;饮食消费的动机则涵盖需求、推拉因素、信息渠道搜索、文化和符号消费等;而饮食消费的体验则涉及体验构成、影响因素、感知质量、满意度等。广义的旅游中的饮食消费则涵盖了旅游中饮食消费的整个过程,不仅有消费端,也有生产端。这就涉及食品的安全与风险、饮食的本真性、饮食资源开发、美食节庆与营销、饮食消费与目的地发展等内容。此时,旅游中的饮食消费就是一个涵盖了资源、产品、产品衍生品、消费过程及消费情境的宏大系统(见图 1-2)。

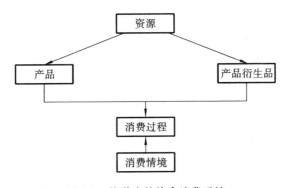

图 1-2　旅游中的饮食消费系统

1.2.3　美食旅游与旅游中的饮食消费

从理论上来说,美食旅游与旅游中的饮食消费两者之间存在概念上的区别。美食旅游更多的是基于特殊兴趣旅游(Special Interest Tourism)提出的。特殊兴趣旅游认为,旅游者的动机和决策主要是由特定的兴趣所决定的,这种兴趣要么聚焦于某一活动,要么聚焦于目的地和环境。Hall 和 Sharples 指出,旅游中的饮食消费不能等同于美食旅游,因为后者强调美食是主要的旅行目的,而前者概念中美食可以是次要或较低阶的动机。进一步地,管婧婧(2012)提出混淆两个概念可能存在的问题,即美食旅游者的人数会被放大,美食旅游者数量的放大会导致美食旅游对旅游目的地的真实贡献被高估,真正美食旅游者的体验需求被忽视。

从理论研究的严谨性出发,本书聚焦的研究对象界定为旅游中的饮食消费。在这里要说明几点。一是本书所研究的旅游中的饮食消费更多地指向广义概念,同时涵盖生产端和消费端;二是本书虽使用旅游中饮食消费的概念,但引用的文献会涉及美食旅游(厨艺旅游、饮食旅游)。这是考虑到,特殊兴趣旅游的增长反映的是 21 世纪休闲社会中的休闲兴趣多样化,折射出后现代旅游业从传统的"3个 S"(阳光 Sun、大海 Sea、沙滩 Sand)转变为与人们日常生活方式的一部分。所以,美食旅游体现的就是人们把对食物的兴趣作为休闲体验的一种生活方式。这也是 Smith 和 Xiao 并不把美食作为核心旅游动机的原因,因此二者在研究美食体验上有很多共通之处。而且很多关于美食旅游的研究在探讨美食旅游者的时候,往往将其看作一个连续谱,即从非常感兴趣到完全不感兴趣,因此研究成果对旅游者具有普适性,并不仅仅针对美食旅游者。据此,本书在引用和考据前人研究成果时并不刻意区分美食旅游和旅游中美食消费的文献。

1.3　本书的研究内容

基于上述研究背景和研究对象的分析,本书着重研究以下五个方面的内容。

第一,回答旅游者需要什么样的美食产品的问题。围绕这一问题,研究将基于感知价值理论、社会责任消费理论、体验理论,在全面梳理现有旅游中饮食消费价值研究成果的基础上,通过定性和定量相结合的方法,探索旅游中饮食消费的多重价值,明晰价值的构成要素,为美食产品及消费场景的塑造奠定基础。

第二,回答旅游中饮食消费的感知价值影响购后行为的运作机理。基于购后行为理论和价值接纳理论,探索饮食消费感知价值到购后行为的运作机理。在这里,饮食消费价值被视为消费者所获和所付出之间的一种权衡(Trade off),用总体饮食消费价值来衡量,也就是消费者对饮食消费是否物有所值的总体评价。而消费者的所获由多维度的饮食消费价值进行衡量;消费者的付出由多维度的感知风险构念进行衡量;进而检验饮食消费价值和饮食消费风险的双重作用对消费者总体饮食消费价值评估的影响,以及是否会对购后行为产生影响。同时围绕旅游中饮食消费的情境,从饮食消费和目的地旅游两个层面来梳理可能产生的购后行为,并构建情境适用的购后行为测量工具。

第三,回答哪些前置因素会影响旅游中饮食消费的感知价值。基于价值接纳理论和态度行为情境理论,探索与消费者相关的内在前置因素、与家途情境转移相关的外在前置因素,以及与消费者饮食消费感知直接相关的前置因素等对旅游者感知饮食消费价值的影响,以更好地理解不同层次的饮食消费者、不同客源地的游客在感知饮食消费价值时的差异,同时也更好地探索饮食消费者在消费时所受到的感官和场景刺激是如何影响其对饮食消费价值的评估的。

第四,检验旅游目的地的美食旅游发展现状是否能够为旅游者提供消费价值。以浙江"百县千碗"为例,通过对"百县千碗"相关宣传资料的分析,发现旅游目的地管理部门在以美食为营销宣传工具时的落脚点,也就是投射形象,将其与消费者所期望的饮食消费价值进行比对,从而发现现有营销策略有待提升之处。

第五,回答旅游目的地如何提升游客饮食消费体验的问题。结合旅游中饮食消费的多维价值、社会责任消费行为、旅游目的地可持续发展理念,从旅游目的地饮食消费的产品开发、促销推广和运营管理三个方面提出旅游目的地面向游客提升可持续饮食消费的对策。

1.4　本书的研究技术路线

本书的研究主要分为以下几个步骤。

首先,通过文献综述提炼出核心的研究问题,围绕本书的研究内容,从旅游中饮食消费的属性构成、旅游中的饮食消费行为、旅游中的美食吸引物、饮食消费对旅游目的地的贡献、旅游中饮食消费的环境影响与可持续发展六个方面回顾旅游中饮食消费的相关研究成果。

同时,对本研究所涉及的感知价值理论、购后行为理论、价值接纳理论、体验理论、社会责任消费理论及态度行为情境理论等主要理论基础进行介绍。

其次,结合现有文献和基础理论,提炼和归纳旅游中饮食消费的价值构成,并进行相关的量表开发。

再次,厘清目的地饮食消费情境下可能存在的购后行为构成,通过理论分析和实证数据检验确定购后行为的量表。

之后,通过理论和实证分析考察旅游中饮食消费对购后行为的影响,以及感知价值和感知风险在其中的影响。

接着,基于非惯常环境假说,突出旅游情境,梳理影响游客饮食消费的前置因素,构建假设,并通过实证分析加以检验。

　　此外,还要将消费者的研究与旅游目的地的实践相联系,通过比较旅游目的地对美食消费价值的理解和消费者所重视的价值,为旅游目的地的实践提出指导。

　　最后,基于研究结论,结合浙江"百县千碗"案例,分析旅游目的地在发展与饮食相关的旅游过程中存在的不足,提出满足游客价值诉求、提升产品开发、促进营销推广和加强运营管理的对策建议。

　　本书的研究技术路线如图 1-3 所示。

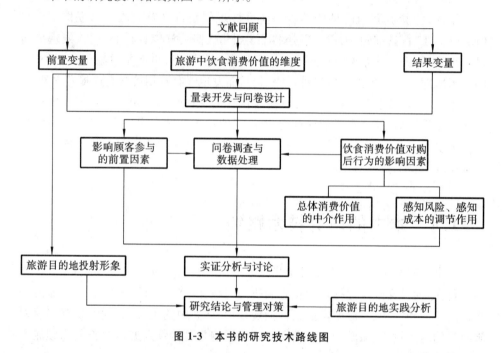

图 1-3　本书的研究技术路线图

1.5　本书的创新点

1.5.1　拓展了旅游中饮食消费价值的构成

　　旅游中饮食消费的多维价值构成并不完全是一个全新的领域,现有的接待业和旅游研究已经肯定了饮食的感知价值在旅游消费和体验中的重要性。对旅游中饮食消费价值的研究经历了从单个或两个维度进行衡量,向多维度进行衡量的转变,形成了包括品味/品质价值、健康价值、价格价值、情感价值、声望价值、互动价值、认知价值、体验价值等多维感知价值构成。但现有的价值构成是基于消费主义和享乐主义的视角,仅仅考虑了功能性、享乐性的价值。本研究为感知价值构成的探索增加了社会责任视角,提出了责任消费价值,以呼应联合国提出的到 2030 年消除全球饥饿,使所有人获得安全、有营养和充足的食物的可持续发展目标。

1.5.2　系统性分析了饮食消费价值对游客购后行为的影响机理

自 20 世纪 90 年代末以来,关于美食旅游和旅游中的饮食消费都累积了丰富的研究文献(钟竺君等,2021),形成了一系列的研究成果。这些研究或聚焦于游客视角的食物属性感知、美食体验、用餐服务质量、饮食消费行为和模式、美食游客类型等,或聚焦于目的地的美食资源开发、美食节事活动、美食旅游目的地形象和品牌、美食夜市食街场所体验等,但相对来说,较少将需求(游客)与供给(当地美食和目的地)两端联系起来。Crompton 建议将供需框架应用于旅游研究,这一建议强调,只有同时分析旅游者和目的地或活动,才可以更好地理解旅游领域的现象。Crompton 的需求—供给研究框架也适用于分析游客在旅游中的饮食消费。本书一方面考虑了游客在饮食消费方面的特征和偏好,另一方面又考虑了目的地饮食消费的价值,以及饮食消费对目的地可能存在的贡献,将二者合并到一个模型中,研究结果可以将供给和需求两端联系起来。在旅游目的地开发美食旅游产品时,应同时考虑旅游者的饮食消费偏好、当地饮食消费价值的凸显、饮食消费体验的提升及在目的地特定情境下的购后行为激发。

1.5.3　特别考虑了饮食消费的旅游情境

本书的研究对象框定为旅游中的饮食消费,因此研究凸显了旅游情境与在家情境之间的区别。现有关于饮食消费的研究区分在家消费和外出就餐,其中外出就餐又包含了旅游者的外出就餐,但整体研究当中并不区分旅游情境和在家情境,也并未考虑作为旅游者在餐厅用餐和作为居民在餐厅用餐存在的差异。本研究引入了非惯常环境假说和态度行为情境理论,强调饮食消费的行为发生于旅游情境之中,通过检验在家和在途饮食文化差异、旅行造成的沉默成本、时间压力、离家感等变量对饮食消费感知价值、饮食消费体验形成和对购后行为的影响,凸显了在家和在途饮食消费行为的差异及其形成的根源。

1.5.4　加深了对中国游客饮食消费的了解,联结了消费和生产两端

中国人是世界上特别注重饮食的人群,在饮食上比任何其他文明的人都更有

创造力。中国绚丽的美食文化对游客来说是一个重要的吸引力。然而,尽管中国有着诱人的饮食文化,但无论是在行业实践还是在学术研究方面,中国美食旅游的发展还有待完善。文献梳理发现许多关于旅游中饮食消费的文章出自韩国作者之手,韩国"食"旅游是近年来食品及相关领域备受关注的研究热点(钟竺君等,2021)。本书的研究有助于目的地营销人员和地方餐饮服务从业人员了解中国游客对中国美食和目的地的看法,以便挖掘中国美食旅游的潜力。近年来,越来越多的地方开始以美食为切入点推广目的地,各类的美食活动层出不穷,如成都美食节、重庆火锅美食文化节、舟山开渔节,以及浙江的"百县千碗"活动等。如何从单一办节向持续性美食旅游创新和发展转变?本书在目的地实践研究中以浙江的"百县千碗"为例,从美食旅游产品、促销和运营管理等多个方面进行了剖析。

1.6　本书的基本结构

本书的章节安排如下。

第 1 章为绪论,主要目的是厘清本书的研究背景、研究对象和研究内容,提出本书研究的技术路线,阐述研究的创新点。

第 2 章为文献综述,主要目的是围绕旅游中饮食消费的相关文献进行梳理,为研究奠定基础;同时介绍支撑本研究的基本理论,搭建研究框架。

第 3 章为旅游中饮食消费的多维价值构成,主要是通过理论和实证分析,形成加入了社会责任的多维价值体系。

第 4 章为旅游中饮食消费价值对购后行为的影响机理,主要是通过理论和实证分析,检验饮食消费感知价值通过消费体验对购后行为的影响;同时厘清购后行为的构成及影响购后行为的情境因素。

第 5 章为旅游中饮食消费的前置因素探究,主要是通过理论和实证分析,检验直接前置因素、内在前置因素和外在前置因素对旅游中饮食消费感知价值的影响。

第 6 章为旅游目的地的美食形象投射与旅游者感知价值比较,主要是对浙江"百县千碗"案例的推文进行分析,发现旅游目的地所理解的饮食消费价值与旅游者所重视的饮食消费价值之间的差异。

第 7 章为旅游目的地美食旅游发展现状,主要是基于浙江"百县千碗"案例,对旅游目的地美食旅游产品的发展、宣传促销和管理运营的现状进行归纳和总结,对比实证研究结果,进一步提出相应的对策和建议。

第 8 章为研究结论,全面总结了全书的内容,重新回顾了研究的问题,并针对性地对每一个问题的研究结果进行了归纳和总结,并对研究结果的实践启示进行了探讨。

第 2 章　文 献 综 述

本章是对文献的归纳总结和基础理论的论证。首先,围绕旅游中的饮食消费,包括食物的属性、旅游中的饮食消费者、旅游中的饮食消费行为、旅游中的饮食吸引物、食物对旅游目的地的重要性、旅游中饮食消费的环境影响与可持续发展六个议题展开。然后,着重梳理了支撑本研究理论框架的感知价值理论、购后行为理论、价值接纳理论、体验理论、社会责任消费理论、态度行为情境理论及非惯常环境假说七个基本理论。

2.1　旅游中的饮食消费

以下包括六个议题:一是说明食物的属性,包括物理属性、文化属性和社会属性等;二是分析了旅游中的饮食消费者类型;三是阐释旅游中饮食消费的行为和模式;四是阐述与饮食相关的吸引物;五是强调食物对旅游目的地的重要性;六是旅游中饮食消费的环境影响与可持续发展。

2.1.1　食物的属性

食物是人类日常生活的基本必需品。然而,很少有文章讨论食物的特性构成。一种可能的解释是,人们很难确定世界上众多食物的一些共同特征。例如,光是牛排就可以用风味、多汁性和嫩度三种特征来进行衡量。食物的属性是产生消费价值的基础。由于本书研究的对象是旅游中的饮食消费,因此相关研究成果大多选取自旅游或接待业领域内的文献。

1. 饮食全球化与本地化

在现代社会,饮食在一定程度上已经成为衡量全球化的主要标志之一。麦当劳无处不在的汉堡连锁店和可口可乐无所不在的品牌广告展示了全球化的力量。"麦当劳化""全球味道""全球菜系"等术语无不传递着全球化语境下世界饮食文化趋同的现象(李坚诚,2017)。尽管全球化被指控压制了地方饮食差异,但全球化和本土化之间的紧张关系其实是辩证和相互依存的。正如 Crang 所说,"我们从餐桌食品可以看到全球范围内文化的流动。实际上,各种各样的文化产品同时存在,可供人们同时进行选择"。而且,全球化天然蕴含着"全球走向地方"和"地方走向全球"两个命题,两者之间并不存在着非常明显的界线,既有冲突也可能存在着融合。某种程度上,全球化可能会成为重建或重新创造地方美食传统和特色的动力(Mak 等,2012)。

旅游目的地饮食消费中,一项默认假设是游客偏好或者说是希望品尝本地的食物。正如 Richards 所述,"游客旅游是为了寻找并享用当地准备好的美食,是为了所有的独特而难忘的美食体验"。那么,到底什么是本地美食呢?这是一个看似通俗易懂,却没有明确的、公认的、统一的概念。现有文献对本地美食的界定涉及生产、加工和原材料,也包括距离、政治边界和专业标准,从消费者视角也包括情感、道德等(Feldmann 和 Hamm,2015)。Handszuh 将本地美食定义为"特定地区或当地目的地特优的烹饪或食物。产品主要由当地种植、季节性和当地生产的食品制成,并基于当地的烹饪传统而做",考虑的就是原材料、生产和加工。Boniface(2003)对本地美食的定义强调了距离要素,认为本地美食要在足够短的距离内保持新鲜,不需要冷藏,并在种植或生产后迅速食用。这个距离范围可以从 10—100 英里不等或以驾驶时间表示。此外,本地美食包含一定的行政区划边界,以及和地方品牌之间的联系,比如"缙云烧饼"。再者,对有些人而言,本地美食特指的是家乡的产品,或者是亲朋好友生产的食物。在本书中,本地美食的核心在于食物是采用当地传统工艺加工制作的,具有明显的地域特征,即便其原材料及生产地都并非在当地(Boniface,2003)。

2. 食物的物理属性

(1) 风味与感官评价

品尝美食大概是唯一能够刺激人类所有五种感官的方式。风味是食物的基本要素,人们偏爱味道好的食物。美味的食物决定了就餐体验,可食用性和异国情调被认为是在国外体验当地美食的关键。即便游客强调品尝当地美食的目的是探索当地饮食文化,味觉的愉悦感也会带来附加值。好的口味是消费者选择餐馆的普遍标准,尽管个人根据自己的生活经历和文化背景对口味有偏好。此外,对食物的味道和质地的熟悉与否也有可能影响游客对食物是否可口的判断。

在食品科学研究中,也涉及对食品可食用性和享受性的评价,主要使用的是感官评价方式。一般而言,食品的感官特性被分为五类:①外观,具体包括颜色、透明度、大小和形状、表面质地、碳酸饱和度;②气味、香气、香味;③黏度、稠度;④风味,具体包括味道、化学感觉;⑤声音。值得注意的是,在食品科学研究当中,每一类食品都需要建立起一套特定的感官特性指标,比如针对绿茶就有相应的国家标准(GB/T 14456)。相应地,近十几年来,感官营销开始进入市场营销和管理学界的视野,它关注的是如何科学地理解"感官获得的感觉和知觉与消费者行为之间的关系"。其基本理念是通过改变消费者的感官体验,促进消费者被潜意识地(subconsciously)影响。这一理念显然在饮食消费中具有十分重要的意义,Géci等(2017)的实证研究表明,视觉是影响消费者购买食物的最重要的感官,其次是味觉,再次是嗅觉,最少使用的感官是听觉和触觉。而在快餐店里,五种感官刺激对顾客的重购意愿都具有非常大的影响。因此,饮食消费带给消费者的感官刺激非常值得关注。

(2) 卫生、安全与营养

对于旅游中饮食消费的研究,早期关注的一个议题就是食品安全问题。早在1989 年,Kollaritsch 就撰文探讨国际旅游者的食物中毒和腹泻问题。旅行期间,食品安全是游客最关心的问题。研究表明,安全的食品可以增加游客的满意度,不安全的食品会引起游客的不满。对某一地区食物中毒事件的频繁报道会显著提高游客感知风险的水平。意思是如果游客认为某个目的地的食物具有风险,那么游客选择当地美食甚至这一目的地的可能性都会降低。

卫生是阻碍游客探索当地美食的原因之一。在出国旅行时,无论游客来自何方,他们感知与食物有关的风险都比在国内高。据报道,"旅行者腹泻"是游客常见的疾病,每年约有 10% 的旅游人口会被食物传染性疾病感染。Elsrud 指出,健康风险或疾病是体验当地饮食文化的代价。

Cohen 和 Avieli 认为,游客比较害怕的是食物对他们健康的直接的、快速的影响(如胃不舒服),而不是一些长期的威胁(如食物中存在危险化学物质)。这可能是受到了游客对旅游时间态度的直接影响。旅游时间是"质量时间",也就是说到达目的地具有昂贵的出行成本,再加上在目的地的时间有限,大多数游客都希望能充分享受这些时间,倾向于把在旅途的时间当作"非普通时间",希望能够让在途的时间与日常时间之间有质的区别。食物造成的突发性事件不仅令人不快,而且它可能会使游客不得不减少或取消旅行中的各种活动,降低旅行时光的质量。

健康不仅限于食品的安全卫生,还涉及食品营养。注重健康饮食的游客可能会把自己日常的生活习惯带到旅途中,从而拒绝那些被认为对健康毫无益处的地方性食品。对中国游客在澳大利亚就餐体验的调查显示,不少游客对西餐的高胆固醇含量和不健康的烹调方法表示担忧。相比之下,在曼谷餐厅就餐的西方游客认为泰国菜是他们日常饮食的一个很好的健康替代品。Chang 进一步强调健康饮食包含两个因素,即食物含量和营养素、均衡饮食和饮食习惯,两者对游客的饮食行为存在着不同的影响。有时,旅行可能是出于寻求健康食物的目的,比如说人们希望参观生产新鲜有机食品的地区。Boniface(2003)认为,现代城市居民访问农村地区的动机不仅是为了欣赏宁静的乡村风光,还为了品尝当地新鲜和传统的手工食品。

（3）食物的种类和多样性

已有研究表明,食物的种类和多样性可以为游客的就餐体验带来极大的价值,游客希望一顿饭可以包含各种不同的菜肴,这可能是基于以下三个理由。第一,大多数游客都具有追新求奇的心理。一顿饭中如果具备多样化的食物,可以为游客提供一种不同于自己饮食文化的新的就餐体验,并进一步增加游客接触和欣赏当地饮食文化的机会。第二,在消费文化中,消费者希望可以在大量的商品和服务中进行自由选择。因此,菜品的多样性意味着游客具有大量的自由选择空间。第三,中国人在外出就餐时通常喜欢点各式菜品,因为点较多的菜会给他们带来"面子"。

除了在用餐中要求有种类繁多的菜肴外,游客还强调了行程中多样化用餐安排的重要性。就餐体验的多样性是行程中不可或缺的部分,游客倾向于在整个旅途当中避免总是吃雷同的食物。游客可以从多种多样的就餐体验中寻找不同的有趣的特色,提升自己的厨艺体验并积累文化资本。当然,某种程度上,对食物多样性的需求也可能在一定程度上导致了食物浪费的加剧。

3. 食物的文化属性

（1）食物的文化意蕴

食物具有象征性的文化意义。自2010年法国大餐入选《人类非物质文化遗产代表作名录》以来,传统墨西哥饮食、地中海饮食、土耳其小麦粥、韩国越冬泡菜、日本和食等多项食文化入选世界级非遗项目。食文化代表的不只是食物本身,还伴生了一系列的制作工艺和社会活动,体现出目的地的文化遗产信息。有句名言说道:"告诉我你吃什么,我就告诉你你是谁。"Chang认为,食物所具有的无限可变性有助于人们深入理解人类文化。目的地美食作为一种不断演变的文化形式,一定程度上也体现出了游客和当地居民之间的协洽。

食物的多样性对人类的生存而言并非必须。如果仅仅是出于生存考虑,不同地区的人吃的食物可能没有差别,因为终极目的只是补充热量、脂肪、碳水化合物、蛋白质和维生素等。但事实上,不同背景下的人所吃的食物千差万别,制作食物的原材料,保存、处理和烹调的方法,每顿饭的数量和种类,喜欢和不喜欢的味道,上菜的习俗、餐具,对食物的信仰,这些都不尽相同。虽然饮食习惯反映的是个人口味,但有些食物在集体社会层面上具有重要意义。受地域文化和环境影响,来自同一背景的人通常有着相似的口味和偏好。例如,米饭是中国南方大多数人的主食,中国北方人的主食是面条;而欧洲各国的主食以面包为主。

与食物的物理属性相比,学者们更强调旅游中饮食消费所具有的文化意义。Long 就强调厨艺旅游的核心是体验他者的文化,而不是把自己塞满食物或尝试新的具有异国风味的食物。食物是一个文化参考点,包含了关于其起源地的生产、文化和地理等完全独特的信息。目的地的烹饪和饮食习惯在某种程度上传达了当地居民或社区的信息,是对当地社会文化的识别和象征性传达。旅游中的饮食消费可以说是一种体验式的文化参与,能满足游客寻求文化识别和真实性的需求(Ellisa 等,2018)。正如 Batra 所指出的,熟悉当地文化是在曼谷的民族餐馆就餐的外国游客提到的非常重要的动机。而文化的体验也会深刻影响顾客的情绪,进而影响他们对食物真实性的感知(Jang 和 Ha,2015)。

(2) 可食用性

在讨论食物的文化属性时,必须要强调两个概念:一个是可食用性,另一个是真实性。在体验"异国风味"(Exotic)的食物时,"可食性"(Edible)可能会阻碍游客对正宗饮食文化的追求。可食性决定了游客什么能吃、什么不能吃。在具有异国风味的食物中,未知的食物成分会引起人们对这些成分是否可以食用,以及是否应该食用的担忧。当然,这种对食物成分的评估并不完全基于食物本身的物理构成,更多的时候与旅游者的个人信仰和文化背景相关。即便是游客对目的地正宗美食具有好奇心和体验的渴望,但也会存在可接受的程度。游客不太可能尝试在其文化认知中被认为是不可食用的原材料所制作的菜肴。例如,在韩国、中国部分地区和越南,狗是可食用的。在韩国,食用狗肉曾被视为是传统文化的一部分。但是对于大多数西方人来说,狗是不能食用的,因为他们把狗当作亲密的朋友。同样的道理,在全球范围内有人食用昆虫,但在很多国家,它仍然罕见,甚至是禁忌(Shelomi,2015)。而这一现象并不是由于昆虫不可食用而造成的,而是由于食用昆虫所蕴含的让人觉得心理不适的文化象征。

(3) 真实性

提到地方饮食,从有形食物到蕴含民俗、仪式、典礼等内容的饮食文化,生产者都倾向于为产品贴上"正宗""传统""百年老店"等标记,以彰显饮食文化产品的真实性(管婧婧,2011)。这一现象从侧面说明了饮食的真实性对目的地的就餐体验具有至关重要的影响。Chang 等认为,如果一种当地食品被视为当地文化的真实表达,那么食品质量在游客对当地饮食评价中的重要性就会降低。事实上,为了接近真正的地方文化,有一些游客愿意将自己暴露在相当大的危险或不适中。例如,少数西方游客可能愿意在某个国家吃"油炸虫子",因为他们把这种行为视为勇于体验某个国家文化的表现,并以此来区别自己与其他游客。追求真实的就餐体验也可能与享受、幸福感和愉快时光有关。向知识渊博的专家学习当地烹饪知识或上课了解当地食品生产过程等,可能是对真正的当地文化的难忘体验。值得注意的是,在美食的真实性和当地的适销对路之间有着微妙的平衡。有时,为了迎合外国游客的口味,当地的食品必须进行修改,但这种改变可能会破坏当地的食品传统和食品文化的真实性。

此外,真实性可能存在着多种表象。对于什么是真实性,存在着客观主义(Objectivism)、建构主义(Constructivism)、后现代主义(Post-modernism)和存在主义(Existentialism)等不同的范式(管婧婧,2011)。

客观主义认为,饮食的真实性是可以有绝对标准的,只有完全忠实于最初面目的饮食才能称为真实的。例如,孙大东在谈到衍圣公府食事档案的开发利用时,就强调"(孔府菜)在'历史'的招牌下,缺少的恰恰是真实的历史,各种所谓的'正宗孔府菜'中充斥了太多的'后来'和'想象'……通过活化工作而再现的孔府菜,必须要保持其历史真实性,即活化工作首先且必须要遵循的原则应该是以衍圣公府食事档案为基础"。而且对于食品技术而言,真实性就是一个客观存在。

饮食文化虽然有实质性饮食,但更偏向非物质文化遗产,若一味追求客观真实性,就有违历史规律。建构主义真实性为饮食文化的变革铺平了理论道路。建构主义认为,真实性是一个社会建构概念,其含义是相对的、变化的、可商榷的(Negotiable)、由情境决定的(Contextually Determined),以及是思想意识形态的(Ideological)。在这样的思想下,对于真实性的评价权在于消费者,只要消费者感到满足,这种"真实"就是他所要的"真实"。比如在美国的中餐馆,往往要平衡好"真实的"和文化期望的"美国化"。由此衍生出了美国中餐馆的两大类别——消费者导向型和鉴赏家导向型,通过不同的策略将中国菜融入美国市场。

后现代主义并不在乎"不真实"(Inauthenticity),只追求享受、娱乐和表层美,真实性可以被凭空创造。

存在主义的核心在于借助客体来寻找真实的自我(Authentic Selves),饮食文化就是要利用一切元素,为他们创造高峰体验(Peak Experience)或者是最佳时刻(the Best Moment),实现他们追求真实自我的意愿。有作家写加州牛肉面,说其最爱北京的一家加州牛肉面馆。移居美国后才发现加州牛肉面就是一个"虚构",但这并不影响他怀恋北京的"加州牛肉面"。此时的加州牛肉面只是一个物化的乡愁。

另外,从动态演化的角度来看,饮食文化真实性应该要在历史变化中考察其"意",蕴含意象的创新与变化,这种变化并无损于饮食文化的真实性(管婧婧,2011)。

由于本地居民和外地游客在身份背景、社会交往和经济因素等方面的差异,因此二者在饮食消费真实性体验上存在着差异,突出表现在体验背景、来源和心理、空间实体感知、空间地位与功能感知、空间价值感知以及主体个性表征及情感趋向方面(张星培和乌铁红,2019)。从游客的角度来看,真实性取决于游客与环境、当地人或文化元素的共同互动。如果食品被认为是本地的、正宗的,能够代表目的地的地方和文化,那么无论游客对真实性的偏好是高还是低,它都会带来积极和愉快的结果。这意味着,即使一个目的地的饮食体验只代表了舞台性真实,大多数游客还是持满意态度的。表 2-1 是不同思想派别下饮食文化真实观的比较。

表 2-1　不同思想派别下饮食文化真实观的比较

思想派别	客观主义	建构主义	后现代主义	存在主义	动态视角
关注对象	饮食文化客体的绝对真实性	饮食文化客体的真实性、主体的认知差异	饮食文化客体的仿真与虚拟	主体的真实体验	饮食文化客体的特性传承
消费者	消费者追求真实性,并具有足够的鉴别知识	消费者追求真实,但满足于自我意念的真实	消费者对真实性完全不在乎	消费者所追求的是真实的自我	消费者更看重饮食文化"意"的传承
主要观点	真实性是客体内固有的一个特性,可以用一个绝对的标准来衡量	真实性是一个社会建构的概念,其含义是相对的、变化的、可商榷的、由环境决定的,是思想意识形态的	客体可以完全凭空虚造,仿真和虚像可以比真实还要真实	真实性与客体的真实与否无关,其关键是主体对自我本真的追求	真实性并不反对文化的变化、创新,关键要保证饮食文化的特性基本一致性
实践意义	再现饮食文化时要忠实于文化的本来面目和原有特色,并被权威所认可	再现饮食文化时可以进行适度改变,以满足消费者的要求	可以创造新的饮食文化,只要能取悦消费者	利用各类饮食文化相关元素,为消费者创造高峰体验	应该在保持文化最核心特性的基础上,进行创新和发展

续表

思想派别	客观主义	建构主义	后现代主义	存在主义	动态视角
局限	局限客体真实,概念简单化	难以把握商品化和真实性之间的度	完全摒弃了真实性,忽视了人们对真实性需求的客观存在	忽视了饮食文化客体的真实性,过分强调主体感受	难以把握创新与变化过程中饮食文化特性的变与不变

4. 食物的社会属性

(1) 饮食消费的社会规范

社会规范是隐含的行为准则,可以为适当的行动提供指导。有充分的证据表明,饮食的社会规范对食物的选择和消费有很大的影响。所谓社会饮食规范,是指一个社会群体对食物消费数量和特定食物选择是否适当的感知标准。在这里,社会群体可以是一个国家、社会、家庭和小群体。社会饮食规范又可以分为实际社会规范(Actual Social Norm)和感知社会规范(Perceived Social Norm),以及描述性规范(Descriptive Norm)和强制性规范(Injunctive Norm)(Robinson,2015)。实际社会规范指的是社会上确实存在的饮食规范,比如反对食物浪费经立法后就是一种明确存在的饮食规范。而感知社会规范则是消费者实际感受的饮食规范,是个人认为社会觉得消费者应该做的,比如对于什么是饮酒过量的评判及对其进行的引导。描述性规范指的是感知他人会怎么做,而强制性规范指的是感知他人会期望自己怎么做。对此,《红楼梦》中"林黛玉进贾府"一段有很精彩的描写,书中写到:"今黛玉见了这里许多事情不合家中之式,不得不随的,少不得一一地改过来,因而接过茶,早有人捧过漱盂来,黛玉也照样漱了口,然后盥手毕,又捧上茶来,方是吃的茶。"在这一细节描写中,可见林黛玉非常注重强制性规范,仔细观察了其他人的做法,加以模仿以便让自己的行为符合贾府的规矩。

在饮食消费中,人们遵循饮食规范的可能原因在于遵循饮食规范可以增强与社会群体的联系并被接受和喜欢;另一个原因可能是遵循饮食规范会产生较好的结果,比如形成自己好的公共形象并给他人好的印象。研究者认为,遵循饮食规范可以通过改变消费者的感官感知、食物价值感知而形成适应性的饮食消费行为。当然,这种适应性的行为会依据消费者自我认知的不同、社会规范的力度和食物的类型而产生变化。

(2) 饮食消费的社会交往

不同群体的饮食消费模式根植于其社会关系结构中,并被社会关系所塑造。

例如,对加拿大魁北克省保留地土著居民的饮食模式观察表明,这一模式深刻嵌入了该地区政治、经济和意义体系下的社会关系(Antonova 和 Merenkov,2018)。Douglas 在《解密一顿饭》一文当中指出,"食物就是一种密码,在解码中体现社会关系。这种关系是关于不同程度的层次结构、包含和排除、边界以及跨边界的事务"。从社会活动来看,吃饭是人际交往的方式之一,具有重要的社会意义,蕴含着身份、权利、地位、名誉等方面的意义。中国传统文化影响下的饭局蕴含着深刻的人情互惠及社会关系的再生产,饭局对于人情关系网络的建构、社会资本的交换发挥着重要作用(吴爽,2011)。进一步地,李翠婷(2017)将饮食社交分为饮食制作社交和饭局社交两种类型,分析社交互动过程中人们情感的联系、道德义务的履行以及理性的计算,并提出饮食社交包括情感性、工具性、社会性和混合性等功能。总而言之,正如 Lalonde 在《再度解密一顿饭》一文中所言,对"作为事件的吃饭进行记录和解释是一件极其困难的事情,但无论是作为个人还是作为社区的一员,这顿饭都参与、调解并产生了我们社会互动中的实质性意义"。

5. 在外就餐时的饮食消费

游客最可能消费当地食物的地方显然是餐厅。那么,人们在选择餐厅时会考虑哪些要素呢? 食物的质量和可选择性是消费者选择餐馆的两个关键因素。除此之外,食物的价格和用餐的氛围也是影响游客满意度的重要因素。同时,烹调方法会影响游客对就餐体验的评价。在一项关于中国游客对澳大利亚本土食物看法的研究中发现,许多中国游客不喜欢澳大利亚本土食物的烹调方法,将澳大利亚食物的难吃味道归因于烹饪方法不当。他们认为,适当的烹饪方法可以改善本土食物的味道。而 Yüksel 在土耳其进行的一项关于游客对餐饮服务满意度的研究则发现,影响消费者的重要的因素是服务质量和员工态度。此外,预订、停车、餐厅清洁度、位置和餐厅的声誉等因素都被认为会影响消费者对餐厅的选择。对于不同类型的餐厅,消费者有不同的要求,比如,对于主题餐厅除了有食物品质、服务品质、氛围要求外,消费者还强调新奇感。而在民族餐厅,不熟悉的食品名称和配料会显著增强顾客的真实性感知,并引发积极的情绪;而熟悉的食物名称和食材则会引起相对消极的情绪,比如无聊和平静。

不同的消费者,也因其年龄、以往的经验、情绪和所在场合的不同而有所不同。比如,与家庭和商务顾客相比,游客更喜欢位于著名旅游景点附近的餐馆,也更加关注膳食价格。背包游客和团队游客对餐厅的食物质量和食物呈现具有显著的需求差异。在跨境外出就餐的情境下,价格、汇率、税收、食品质量、服务、边境距离、访问时间、情感愉悦、外国餐饮体验的新颖性以及母国和东道国餐厅之间的差异等会对消费者在他国餐厅就餐的满意度产生影响。

2.1.2 旅游中的美食消费者

什么样的游客最有可能对当地的饮食感兴趣? 一系列从人口统计学到心理学的研究,从生活方式到动机,从消费者行为到消费体验等角度探讨了游客的食物偏好和消费行为。

1. 美食消费者的人口统计学特征

人口统计学特征通常指年龄、性别、婚姻状况和籍贯等;社会经济特征是指收入、职业和教育状况。许多研究表明,游客的人口统计学特征和社会经济背景会影响他们对当地食物的偏好。Dodd 和 Bigotte 认为,年龄和收入是人口与社会经济变量中较有意义的指标。他们发现年龄较大、收入较高的群体对葡萄酒旅游最感兴趣。同样,Carmichael 发现,大多数尼亚加拉葡萄酒游客的年龄在 31—70 岁,而 Ignatov 和 Smith(2006)则发现,美食游客的平均年龄在 40 岁左右。此外,老年游客比年轻游客在食物上的花费更多,更少冒险去食用不熟悉的食物。但也有相反的研究结果,比如在南非,葡萄酒旅游的主要客群是 25—34 岁的年轻人。Williams 和 Dossa 的研究结果也支持了这一说法,哥伦比亚的葡萄酒游客比起其他类型的游客更为年轻。

收入高低是对游客是否喜欢饮食消费的一个很好的预测指标。研究表明,喜爱美食、葡萄酒,或者是兼爱美食和葡萄酒的旅游者通常收入达到平均或高于平均水平,而且喜爱葡萄酒的游客收入又高于纯爱美食的游客(Ignatov 和 Smith,2006)。英国全国农贸市场协会(UK National Association of Farmers' Markets)的研究发现,喜欢逛农贸市场的游客通常为上/中产阶级,属于有较多可支配收入的工薪阶层。收入在很大程度上与职业有关,职业往往决定了一个人的收入。所以,具有"专业"和"其他专业"职业的游客,其热衷葡萄酒或美食旅游的概率要高于一般职员。此外,退休游客参与美食旅游的比例也高于其他人群(Ignatov 和 Smith,2006)。

教育是葡萄酒或美食旅游参与度的另一个最重要的预测因素。研究发现,受过高等教育,包括研究生教育的游客比其他游客更乐衷于参加葡萄酒旅游(Ignatov 和 Smith,2006)。南澳大利亚的调研同样发现,受过高等教育和所从事职业收入较高的夫妇更喜爱葡萄酒旅游。有趣的是,与纯粹喜爱葡萄酒的游客相比,纯粹喜爱美食的游客教育水平要低一些。虽然也会有一些喜爱美食的游客受过高等教育,但更多的美食游客所受的教育层次较低。这一现象可能是由于食物是每个人日常都必需接触的东西,对于美食所有人都会有自己的喜好,但是葡萄酒并非日常生活必需,可能代表的是一种有情调的生活,所以更受有良好教育背景和较高收入的人群喜爱。

在性别差异上,女性比男性更可能参与饮食相关的活动(Ignatov 和 Smith,2006)。在美国,农贸市场的大部分顾客是妇女,特别是收入、年龄和教育程度高于平均水平的白人女性。女性比男性对价格更敏感,同时也更愿意尝试新的水果和蔬菜。这一现象可以被食物营养的相关理论解释,该理论认为男性比女性更容易患食物恐惧症,也就意味着男性在饮食上更趋于保守。有趣的是,Lepp 和 Gibson 的一项研究发现,女性游客、团队游客、旅游经验最少的游客,更相信在旅途中食用奇怪食物会有很高的风险。因此,女性消费者在惯常和非惯常环境之间表现出不一致的食品偏好。在惯常环境下,女性消费者更容易接受和尝试新奇食物;而非惯常环境下,女性消费者则会趋于保守。

另外,婚姻状况也影响到与饮食相关的旅游行为。已婚游客比未婚游客更容易参与葡萄酒旅游。在已婚游客中,有 6 岁以下子女的游客比有 6—15 岁子女的游客参与度更高。后一类人声称,很难带着 6—15 岁的儿童进行葡萄酒旅游观光,因为这一年龄段的儿童可能缺乏合适的设施,而且法定饮酒限制必须超过 18 岁,因此已婚游客带着 6—15 岁的子女很难找到合适的活动,从而使他们降低了游览的欲望。

2. 游客对饮食的兴趣

人口统计学和社会经济变量的分类方式对于区分游客对美食的兴趣似乎缺乏普适性,研究认为是不是美食爱好者更要看他/她对待美食的态度。所谓"吃货"(Foodies),应该是那些热爱烹饪,学习饮食知识,思考饮食品质,分享饮食,在准备食物或购买食物时小心翼翼,并将饮食爱好作为自己身份识别和建立社会关系核心的人。通常来说,"吃货"是喜欢新奇、新口味和新体验的人。不过有研究进一步指出,"吃货"并非是同质的,还可以进一步分类,比如国外饮食爱好者、热衷烹饪者、高档饮食爱好者、有机饮食爱好者、健康饮食爱好者和餐厅饮食爱好者等。

依据游客对目的地饮食的兴趣或者饮食对游客的重要性,可将游客划分为不感兴趣到非常感兴趣的一个连续谱。比如 Boyne 等就依据饮食对消费者的重要性将其划分为四种类型。第一类消费者,美食是他们度假体验的重要元素,他们积极寻求一个地区的美食遗产或当地美食的信息。第二类消费者,对他们来说美食也很重要,但需要提前接触与饮食相关的旅游信息。换而言之,第二类消费者不会在旅游环境中主动寻求美食相关信息,但会对类似信息表示欢迎,并受影响而采取行动。第三类消费者并不重视美食,也不会将其视为度假体验的重要组成部分,但如果在度假过程中有机会获得愉快的美食体验,他们也可能会尝试。第四类消费者对美食没有兴趣,无论美食旅游宣传材料如何吸引人,他们都不会被吸引,不会激发对美食的兴趣。

兴趣或者说爱好是体现饮食对游客重要性的重要标准。Hall 就以对葡萄酒的兴趣将葡萄酒游客划分为三类:"葡萄酒爱好者"(即"高度感兴趣的人")、"葡萄酒感兴趣者"(自我归类为"感兴趣的人")和"好奇的游客"(兴趣有限的人)。同时,Corigliano 将葡萄酒游客分为四类,并根据其人口背景、葡萄酒知识和葡萄酒兴趣对其进行了描述。第一类是专业人士,年龄在 30—45 岁,了解葡萄酒,能与酿酒师讨论并判断葡萄酒的优缺点;对新事物感兴趣,愿意投入大量时间和精力去发现新事物。第二类是热衷新手,年龄在 25—30 岁,家境宽裕,喜欢葡萄酒,并将其视为巩固友谊、享用美食和探索乡村风情的途径;其中一些人可能是专业人士,会随身携带葡萄酒指南;渴望学习,但对葡萄酒的重视程度不如专业的人士。第三类是兴致所至人士,年龄在 40—50 岁,富有,对葡萄酒有吸引力,希望通过对葡萄酒的了解而形成身份识别;对葡萄酒的基本知识感到满意;比其他类型的人更容易被别人的评论所左右;更容易被名酒所吸引。第四类是饮酒者,年龄在 50—60 岁,会在周末参加团队游参观酒庄,将其视为酒吧的替代品,大口喝并要求更多,还会批量购买。上述两项研究的结论是基于酒庄老板和经理的看法,Charters 和 Ali Knight 对西澳大利亚两个不同葡萄酒产区的游客进行了调查。他们的研究修正了先前 Hall 的分类。新的分类方式保留了葡萄酒爱好者、葡萄酒感兴趣者的类别,将"好奇的游客"改为"葡萄酒新手",同时提出了第四个群体,即并非因为对葡萄酒感兴趣而去酒庄,而是将其作为景点进行参观的游客。此外,"葡萄酒爱好者"还有一个名为"鉴赏家"的小组别。相比之下,鉴赏家的葡萄酒知识水平最高,对葡萄酒的兴趣也最高。

另外,兴趣与知识之间具有密切的关联度。Charters 和 Ali Knight 指出,葡萄酒爱好者通常自认为比其他人拥有更多的葡萄酒知识。对葡萄酒感兴趣的游客更愿意参加葡萄酒课程。对于感兴趣的游客来说,葡萄酒和学习葡萄酒知识是他们参与葡萄酒旅游的主要动机,而一般游客的动机则不那么显著。因此,对葡萄酒知识兴趣较高的游客更容易成为回头客。同样,Mitchell 指出,具有较高葡萄酒知识水平的游客往往有很强的参观酒庄的意愿,并且最有可能再次访问葡萄酒区。拥有美食知识最多的游客也是最可能进行美食旅游的游客。

3. 生活方式与旅游中的饮食消费者

受到法国社会学家 Pierre Bourdieu 提出的生活方式分类启发,Hjalager 用生活方式模型描述了四个类别的美食游客,即存在主义美食游客、娱乐性美食游客、消遣性美食游客和实验性游客。

存在主义美食游客并不以解决饥渴为消费食物的唯一动机,更看重的是深入了解一个特定的地方或地区的饮食及饮食文化。

娱乐性美食游客寻求饮食经验和学习相结合。他们更喜欢简单朴素、精心制作的传统食品和饮料,也有兴趣参观农场、奶酪制造和葡萄园,与专业渔民一起钓鱼,参加烹饪课程,参与葡萄、水果和蔬菜的采摘。因此,在接待团队游客的餐厅、拥挤的连锁店或网红餐厅中不太可能找到这种类型的美食旅游者。

消遣性美食游客热爱新潮的美食和精品葡萄酒。在他们的生活中,昨日的美食潮流很快会被今天的美食时尚所取代。他们总是热衷于追求时髦的食物、最新的食材和食谱,以及新的吃法和烹饪方法。当决定该吃什么的时候,他们会优先考虑食物的质量和时尚性。因此,提供创新菜单和规模服务的目的地、优雅的咖啡馆和餐厅都是消遣性美食游客的最佳选择。

实验性游客是更为保守的一种饮食消费者,或者并不适合称他们为美食游客,因为除了那些早已习惯的日常饮食外,他们不喜欢也不想尝试异域风味。饮食对他们来说并不是旅游度假的重要组成部分,与食物有关的娱乐活动并不值得参与。如果可能的话,能够让他们随身携带食材和烹饪熟悉菜肴的公寓式住宿会更受此类游客的欢迎。对他们而言,吃饭更像是和朋友聚会的方式,寻求一种休闲的就餐环境,有喧闹和欢笑、放松的服务方式,对行为和着装没有拘泥的限制。

4. 食物新奇恐惧症与旅游中的饮食消费者

食物新奇恐惧症的概念在食品和营养的文献中被广泛使用,用来描述人们为什么倾向于避免接近新奇、陌生和外来的食物。Pliner 和 Hobden 将食物新奇恐惧症概念化为一种人格特质,并将其定义为"不愿进食或避免食用新食物"。在加勒比海群岛,大多数享受阳光和沙滩的游客完全拒绝食用当地的菜肴。这种保守的饮食习惯导致当地不得不为游客进口大部分的食物。这种对食物的新奇恐惧症并不完全与游客的冒险性相关。虽然根据 Otis 的研究,一个人品尝新食物的意愿与他自认的冒险程度具有显著正相关性,但事实上,一些本来相当喜欢冒险的游客,往往对当地食物很挑剔,不愿意吃当地的食物。在尼泊尔的探险旅游就有这样的例子,那些敢于攀登喜马拉雅山山口的冒险家们只吃即食的烤面包、比萨饼、薄煎饼和苹果派,而当地的搬运工和导游则吃着燕麦粥、莫莫饺子和米扁豆。

结合食物新奇恐惧症的概念和 Plog 的旅游者心理类型连续谱,Mitchell 和 Hall 提出了一个美食旅游者的连续谱。美食家型的旅游者处于新生活主义者或异向中心主义者的一端,而熟悉型旅游者则处于新生活回避者和近自向中心主义者的一端。在两者之间,本地化"吃货型"游客更靠近美食家型游客,而旅游型"吃货型"游客更接近于熟悉型旅游者。美食家型游客有兴趣参观当地的烹饪学校、种植园、食品市场,这些对他们而言是非常具有吸引力的。他们享受高级烹饪和乡村食物,并学习食品知识。本地化"吃货型"游客也会参观烹饪学校、当地餐馆和品尝乡村食物,农产品也对他们具有吸引力,但他们认为农贸市场和超市之间并没有太大区别,也不像美食家型游客那样坚持只去农贸市场。旅游型"吃货型"游客更喜欢为游客准备的菜单、喜欢现代生活化的酒店和度假村食品,也喜欢在国际连锁店内就餐。食品市场也许会是他们游览线路中的一站,但并不会是一个特别吸引人的地方。最后,熟悉型游客对当地食物的兴趣最小,他们只信任国际快餐连锁店为游客准备的套餐。依据对陌生食物的态度,Tannahill 和 Martin-Ibanez 将游客分为体验型、实验型和存在主义型。其中,体验型游客愿意主动品尝不知名的外国美食,但一旦他们感到失望,就可能会再也不吃这种食物;实验型游客会以尝试的态度不断尝试当地的食物,直到找到一种能满足他们特定需求和愿望的食物;存在主义型游客是那些想在国外品尝不同美食,并将异国风味食物与本国食物进行比较的人。

2.1.3 旅游中的饮食消费行为

1.旅游中饮食消费的动机

动机在关于旅游和饮食消费的研究中一直占据非常重要的地位。首先,是否把饮食消费作为出游的主要动机,被认为是区分美食旅游者和普通旅游者的核心标准。Johnson(1998)在定义专业葡萄酒游客和一般葡萄酒游客时,就指出专业葡萄酒旅游者是那些以娱乐为目的参观葡萄园、酒庄,参加葡萄酒节或葡萄酒展的人,其主要动机是对葡萄酒或与葡萄酒有关的现象有特定的兴趣。而一般的葡萄酒游客动机并不在于葡萄酒本身,而是渴望放松的一天。

Chang 等将饮食消费是否是游客旅行的主要动机作为衡量标准,划分出了观察者、浏览者和参与者三类中国游客。观察者们普遍对当地的食物非常感兴趣,并把食用当地食物作为学习和探索当地文化的一种手段。不过他们对当地饮食的兴趣会受到自身固有中国饮食文化背景的制约。换言之,他们喜欢观察当地的饮食文化,但出于对当地饮食文化的担忧,他们并不完全沉浸其中。浏览者们的关注点在于传统的"高峰体验"上,比如观光和景点游览,对他们而言,旅游中的餐饮体验只是"支持型体验"。对于这类游客而言,度假期间食物并不是主要考虑的问题,很多时候为了保持群体和谐,他们愿意妥协自己的食物偏好。参与者们属于真正对当地的食物感兴趣的人群,不仅把旅游中的餐饮体验视为"探索当地文化",更将其视为"真实体验"不可或缺的部分。与观察者和浏览者可能有所保留不同,参与者更可能抛弃自己固有的饮食习惯,完全沉浸到当地美食中,即便当地的饮食文化可能与原有的饮食文化之间具有冲突。

另外,关于旅游中饮食消费动机的研究,有学者致力于探讨旅游者为什么愿意尝试当地的饮食。Ellis 等(2018)探讨了美食旅游的动机,指出从动机的角度就可以发现美食旅游的复杂性。对游客来说,美食旅游是一种文化体验和文化学习,具有感官吸引力,也体现了人际关系、自我情绪的兴奋和逃避现实,期望能提高幸福感。从某种程度上说,美食旅游的动机涵盖了马斯洛需求层次理论的五个维度,它既是生理和安全的需求,也是文化和社会的需求,同时它也在一定程度上满足了人们归属感、声望地位或自我实现的需求。Getz 等的研究从以下几个方面提出了游客参加葡萄酒旅游活动的动机:总体体验、生活方式、社交活动、独特体验、优质葡萄酒、地区美食、无酒、独特环境、环境、风景和气候、与业主或酿酒师的互动、该地区的声誉和形象。此外,部分参与者还提到了学习、教育、了解过程、谈论葡萄酒、了解葡萄酒产地和文化、旅行借口等。

Kim 和 Eves 的研究归纳总结了游客消费当地食物的 5 个动机:感官诉求、文化体验、令人激动的事情、人际关系和健康考虑。之后,Mak 等(2013)进一步将旅游中饮食消费动机归纳为真实体验、声望、文化知识、健康关切、保证、便利性、价格价值、新鲜感、多样性、熟悉度、饮食习惯、感官愉悦、社交愉悦,以及情境快乐这14 个维度,并将其分为象征、义务、对比、延伸和愉悦 5 个组别,提出了一个概念框架以说明如何将旅游饮食消费区分为支持性体验、对比性高峰体验、象征性高峰体验和吸引性体验。日本美食游客赴水泽乌冬村旅游的主要动机包括:媒体曝光、增强意识、回忆和记忆、想象的感官吸引力、结构的诱惑、文化遗产、烹饪方法和饮食方式的真实性、逃避现实、声望和自我提升(Kim 等,2019)。

2. 旅游中饮食消费的体验

饮食消费与旅游体验的关系可以用高峰体验和支持性体验的框架来分析。旅游中的饮食消费通常是一种辅助性的消费体验,是日常餐饮体验的延伸,但在一定条件下,饮食消费可以成为旅游体验的高峰。当旅游者在旅游中寻求家的舒适感时,旅游者把饮食消费作为支持性体验。日常生活习惯为那些可能喜欢将这种舒适的家的感觉延伸到旅行中的人们提供了舒适、放松、放松和安全的来源,从而帮助游客克服由于不熟悉的旅行环境而引起的焦虑和不适。在这种背景下,饮食消费要么是满足身体基本需求的一种途径,要么是为了获得家的舒适感。实际上,不太喜欢冒险的游客在旅行时更喜欢熟悉的食物和菜肴。他们希望从旅游业发达的设施和服务中体验东道主社区的文化。这种类型的游客更喜欢将高度熟悉作为一种"环境罩",以便给他们一个舒适的如家一样的环境。与此同时,饮食消费也可能会带来旅游高峰体验,旅游者在旅途中寻找饮食消费的愉悦和冒险体验。游客的一个重要动机是寻求新奇或寻求改变。因此,旅游者倾向于利用旅游的机会暂时远离他们的饮食习惯和喜好,满足他们度假中的体验部分。一项对津巴布韦维多利亚瀑布的研究,利用网络口碑评论数据实证性地检验了饮食消费既可能是高峰体验也可以是日常生活延续的概念模型,说明了美食体验的本质(Mkono 等,2013)。

Wijaya 等提出了一个多阶段、多影响、多结果的框架用于描述游客的餐饮体验,该框架包括三个组成部分,即游客用餐体验的不同阶段、当地餐饮相关体验的影响因素,以及每个阶段的用餐体验结果,整体模型如图 2-1 所示。此外,Lin 等(2021)在研究旅游者的社交性餐饮体验时提出,旅游者的用餐体验涵盖餐前、餐中和餐后,餐前重视的是个性化的体验,餐中更强调的是感官体验,在餐后则会形成情感性的体验。

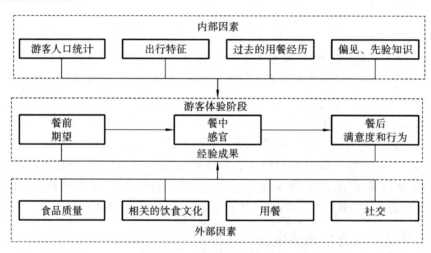

图 2-1　游客用餐体验框架

3. 旅游中饮食消费的活动参与

参与饮食相关活动的频率从一个侧面反映出了游客对美食的喜好程度,所以有些研究采用活动导向来定义美食旅游者,比如 Mitchell 等就把葡萄酒旅游定义为:游客以娱乐为目的参观葡萄园、酒庄、葡萄酒节和葡萄酒展。Tassiopoulos 等依据参加葡萄酒旅游的频率,将游客分为三种:①低使用率游客,即首次游客,以及每年访问任何葡萄酒路线不到一次的游客;②中等使用率游客,即每年至少访问一次葡萄酒路线,最多一年三次;③高使用率游客,即每年访问葡萄酒路线超过四次的游客。

　　喜欢美食的游客在行为上也会有一些特征。比如 Shenoy 的调查发现,他们更喜欢在当地购买食物、在当地就餐以及与当地的精英们聚餐,对当地的食物具有较高的熟悉程度。Ignatov 和 Smith(2006)也调研了加拿大的美食游客,发现存在着三种类型:第一种类型的游客喜欢参观农贸市场,在零售商店或农场购物和浏览美食,光顾可以自己挑选的农场;第二种类型的游客喜欢去餐厅就餐,参加烹饪学校,入住有较好餐饮服务的住宿酒店;第三种类型的游客则喜欢参观酒庄,入住酒庄,去酒庄品酒,参加品酒学校。这一发现印证了美食爱好者也具有差异性的说法。

　　Getz 和 Robinson 的文章探讨了澳大利亚美食爱好者的旅行倾向,指出美食爱好者在旅行中与饮食的关系非常密切,他们会把自己看作美食家,但与此同时,他们也不局限于美食的体验,而是渴望有多方面的体验。对他们而言,最重要的核心体验包括消费地道的美食,了解食物、饮料和烹饪传统,以及社交活动。而美食爱好者要获得这些核心体验,需要旅游目的地增加文化、自然和社会的体验机会。

2.1.4　旅游中的饮食吸引物

　　旅游吸引物通常是游客游览目的地的重要因素。它们是吸引游客离开常住地的第一力量,并激发游客对某些特定目的地的兴趣。可以说,没有吸引物,就没有旅游业。很多旅游目的地将饮食作为重要的吸引物。在南非的一项研究表明,32.7%的目的地营销组织将食品视为目的地的主要吸引物,39.7%的目的地营销组织将食品视为支持性吸引物,这使得食品成为主要的支持性吸引物。

　　地方美食几乎不受季节或天气的影响,开发饮食旅游资源对自然景观资源相对缺乏的地区而言是一个较优的选择,特别是其他类型资源相对匮乏的目的地,比如一般的乡村地区,美食旅游可以成为吸引游客的重要资源。国内有不少研究探讨民族区域或美食发展水平较高的城市开发美食旅游资源的问题,通过资源介绍—现状—问题—对策的模式提出目的地饮食旅游资源利用的建议(徐羽可等,2021)。

　　但饮食旅游资源的开发并不局限于地方美食。按照 Hall 和 Mitchell 的说法,参观初加工和再加工食品生产商、参加美食节、前往餐馆和特定地点,在这些地方品尝地方食品或体验专业食品生产都属于美食旅游的一部分。因此,根据这个定义,食品生产商、美食节、餐馆和特定地点都可以被视为美食旅游的吸引物。Smith 和 Xiao 采用供应链理论分析认为农贸市场、节事活动和餐厅是主要的美食旅游吸引物。

Joliffe 和 Plummer 等把和饮料相关的旅游吸引物划分为三种类型,即非游客导向的吸引物、游客导向的吸引物,以及特殊活动和节日。其中,第一类是指那些最初并非为旅游目的而建造的吸引物,但吸引了那些想学习饮料制作的游客,这一类的场所包括茶园、茶厂、酿酒厂等;第二类是专门为旅游而设计的吸引物,比如饮料相关的博物馆和展览馆;第三类是以饮料为主题的节日和特别活动。此外,Frochot 在介绍法国葡萄酒旅游时也列举了法国典型的葡萄酒旅游吸引物,如酒窖、酒庄、葡萄酒博物馆、葡萄酒路线和葡萄酒活动。Mitchell 和 Hall 则将葡萄酒旅游吸引物分为酒庄、葡萄园、葡萄酒节、葡萄酒小径/路线和葡萄酒展览。Rand 等认为,美食旅游的关键组成部分是特色餐厅/就餐场所、当地/地区生产的食品、特殊烹饪/美食路线、美食节、特殊美食活动等。

综上所述,与饮食相关的吸引物大致有六类:初加工或再加工食品生产商(包括食品工厂、食品种植园、烹饪类)、食品销售商(包括特色餐厅、餐饮场所、酒吧和咖啡厅、市场)、节日/特别活动、博物馆/展览、美食小径/路线,以及当地/地区生产的食品。值得注意的是,美食吸引物是一个比饮食更广泛的概念。以饮食为中心,能够吸引游客的活动或设施都可被视为美食吸引物。这些吸引物不仅以饮食为基本元素,还结合了景观、设施和活动,提高了当地美食的吸引力。正如 Getz 所指出的,如果葡萄酒目的地的核心要素仅仅是与葡萄酒相关的产品,那么目的地似乎并不容易成功。

西澳大利亚在实施葡萄酒旅游战略时就清醒地认识到,澳大利亚的优势不仅包括优质葡萄酒或优质酒庄,还包括独特、有吸引力的环境;地区性农产品和精致的菜肴;各种生活方式体验;各种住宿风格;区域工艺和商品;葡萄酒产区的活动;小型家族经营的酒庄;新的葡萄酒和旅游企业,以及高水平的地区支持。同样,在塔斯马尼亚州葡萄酒旅游发展蓝图中,也强调了四个关键要素:酒庄的数量和质量、餐馆的数量和质量、当地农产品的使用、旅游基础设施(如住宿和客户服务)。

当然在这个过程中,美食本身仍是美食旅游最重要的组成部分。正如《葡萄酒观察家》所言,正如任何热爱葡萄酒的人所知,只有酿造最好葡萄酒的地区才是特别的地方,才是神奇的地方。Bruwer 认为,葡萄酒产区的吸引力源于地方的独特性,也就是所谓的"风土"。它是指每个葡萄酒产区,由于自然、文化和环境差异而形成的独特葡萄酒风味。独特的"风土"可以成为当地美食独有的吸引力。

2.1.5 食物对旅游目的地的重要性

1. 食物作为目的地的重要属性

游客通过识别每个目的地提供的活动和设施的种类、质量和范围来区分不同的目的地,所以核心吸引物和旅游服务都是目的地的重要组成部分,饮食、住宿、购物、交通等服务和设施对游客而言都是旅游目的地不可或缺的组成部分。餐饮体验是影响游客对目的地感知的重要因素之一。例如,Hu 和 Ritchie 强调食物是影响游客感知旅游目的地吸引力的第四重要因素,仅次于天气、住宿和风景。来自中国香港的研究结果也表明,美食在香港所提供的旅游产品和服务中变得越来越重要,日益成为一系列旅游体验中的重要元素。

值得注意的是,饮食是旅游目的地的重要组成部分,但旅游目的地的其他要素也辅助了饮食作为旅游资源的开发。对加拿大的葡萄酒消费者调查表明,积极性高、长途旅行的葡萄酒游客喜欢访问葡萄酒厂,并喜欢和知识渊博的酿酒厂员工交流。与此同时,他们也会在葡萄酒产区寻找其他各种各样的风景和活动。此外,Getz 和 Brown 通过对消费者和专业人士的比较研究发现,专业人士认为优质的葡萄酒能吸引游客前往葡萄酒产区和酒庄参观,而消费者表示葡萄酒往往不是他们前往葡萄酒产区的唯一或主要动机。即使葡萄酒是主要的旅游点,游客也更喜欢风景优美的旅游目的地。基于这些发现,他们将葡萄酒目的地的关键成功因素分为三大类,即与葡萄酒相关的特征、目的地的特色(如迷人的风景和宜人的气候)和文化活动(如独特的住宿和精致的餐厅)。这一点也体现在广告宣传上,Williams 通过对葡萄酒产区的宣传册分析发现,20 世纪 90 年代以来,宣传册宣传的重点从葡萄酒生产和相关设施转向更具审美和体验的维度;除了葡萄酒或葡萄园,葡萄酒产区更是创造了有大量的休闲、美食、风景和户外活动的乡村天堂形象。

由此可以辩证地得出,美食往往不会成为刺激游客前往某一个旅游目的地的唯一或主要动机,特别是在长途的旅行当中。但是一旦游客到达了旅游目的地,饮食消费又会成为其重要的旅游体验之一,影响着旅游者对目的地的整体评价。因此,旅游目的地在发展美食旅游的时候,要清醒地意识到美食旅游在目的地发展中所处的位置、希望吸引的客源,以及开发的目的,以便更好地发挥饮食资源的作用。

2. 食物作为目的地的形象构成

虽然旅游目的地的形象可以基于各种各样的元素,但食物一直是目的地形象的核心组成部分之一。了解当地的食物被发现是潜在游客对目的地形象形成的重要组成部分(Önder 和 Marchiori,2017)。目的地的饮食形象与游客目的地的访问意图以及目的地食品的消费之间存在着关联性。对韩国游客的研究发现,目的地的饮食形象可分为认知形象和情感形象,而认知形象由质量、安全、吸引力、健康、家庭导向和烹饪方法等构成。对韩国饮食持有正面认知形象的游客通常也会对饮食持有积极的情感形象,并显著地影响其他游客对目的地饮食的偏好。另一篇关于泰国的饮食形象研究则认为,泰国的饮食形象包括良好的文化体验、独特的服务风格、美味营养的食物、异国情调和特别的烹饪方法。这一对饮食形象的感知会影响国际游客对整个旅游目的地的形象感知,进而影响到游客的重游意愿。

另外,旅游者的饮食消费受到不同类型信息来源的影响。Ab Karim 和 Chi (2010)通过调查法国、意大利和泰国这几个以美食而闻名的国家发现,意大利的饮食形象和潜力很高,很有可能吸引被调查对象前往访问;饮食形象和游客的到访意向之间具有积极显著的正向相关性;而且这一研究表明信息来源对消费者的饮食消费有影响。以饮食文化为主题的影视节目,作为一种能够全面展示饮食的信息媒介,有助于建立以食物为基础的目的地形象。Xu 等调研了中国观众对《舌尖上的中国》的看法,发现纪录片可以影响和改变观众对地区的美食和当地文化的看法。可信的饮食形象有助于帮助游客建立感知,把一个目的地和其他目的地的形象区分开来,也可能激发观众产生访问目的地的想法。

3. 食物作为目的地的营销工具

由于消费当地美食是许多游客的一种享受,因此旅游目的地在其旅游战略中越来越强调当地美食。许多研究指出,地方食物可以作为旅游目的地的有效营销工具,因为它向游客传达了目的地的文化,创造了目的地的独特身份识别。从文化的角度来看,美食可以被视为目的地的非物质文化遗产,作为向他人传递目的地文化的媒介,地方美食为游客提供了接触当地文化和居民生活的机会,满足了游客的文化好奇心。每一次就餐机会都是一次了解当地人的机会。

食物的文化意义使当地食物成为目的地的重要身份识别标志。每一个目的地的当地食物都有其独特的文化表现,利用美食可以为目的地创造一个独特的身份识别。Corigliano 和 Baggio 指出,宣传特定目的地的食品和葡萄酒是建立游客能够识别和欣赏目的地的差异化形象的可能途径之一。Lin 等(2011)从目的地利益相关者的角度研究了食物作为目的地身份识别工具的利用形式。通过对旅游宣传册和目的地网站的评估,他们发现食物标识的结构包括核心标识和扩展标识。目的地利益相关者进一步评估了食品标识对目的地品牌的重要性,相信目的地品牌塑造是目的地利益相关者的有力工具。

寻求快乐是度假时的主要动机,外出就餐是其中一个非常愉快和难忘的活动。美食和外出就餐已被目的地营销人员推广为一种体验式的旅游产品。浏览目的地营销网站或宣传册可以发现,饮食消费往往是目的地宣传材料的一个基本主题。Frochot 通过识别 19 本法国区域旅游宣传册中不同的食物形象,并通过内容分析来调查食物形象在目的地宣传中的作用。结果显示,乡村菜肴、天然食品等为宣传册中的主导形象,其次是葡萄酒和葡萄园形象,遗憾的是,在宣传册中食品生产商、厨师、餐馆等形象都没有得到充分体现。换言之,这些地区在宣传时较为重视食物本身,对与食物相关的文化和生活方式的展示不够充分。

尽管饮食消费可以成为旅游目的地有力的营销工具,但 Rand 等发现,在南非,饮食消费在旅游目的地推广中并未受到应有的重视。近半数的目的地营销组织没有采取任何具体措施来促进美食旅游。他们建议采取强有力的举措推动目的地营销组织在推销和促进美食旅游方面做出努力。同样,对中国济南、青岛、曲阜三个城市旅游推广的研究,也发现尽管这些目的地的旅游营销材料当中出现了一些饮食和烹饪元素,但这三个城市的美食还没有非常好地整合到旅游营销工作中,这三个城市还没有充分利用他们的美食为旅游目的地的营销做贡献。

随后,Rand 和 Heath 开发了两个工具,即 TOURPAT(一个与地理空间数据库相连的旅游和美食地图集)和 PAT(产品潜力和吸引力工具),以支持旅游目的地营销组织制定与美食旅游相关的策略。这两个工具在南非的一个目的地进行了试用,并获得了成功。Okumus 等通过对宣传册和宣传网站的内容分析,比较了中国香港和土耳其两个不同目的地和食品相关的营销策略,结果表明要在目的地营销中使用饮食元素,营销人员不仅需要有目的地营销方面的知识,还需要有当地和国际饮食以及潜在游客社会文化特征等方面的专业知识。此外,在全球化的背景下,利用美食对目的地进行营销也要考虑到文化全球化的影响。Stalmirska对英国约克的研究表明,文化同质化、异质化和全球本土化影响了约克各种美食向游客进行展示和营销的方式。他建议旅游专业人员去了解美食的特征和特性,这样才能形成富有社会和文化特色的城市目的地营销策略,展示目的地的独特性和差异性。

4. 饮食消费对目的地经济的影响

对当地食物的消费显然会给当地的经济带来贡献,而且这种贡献不仅会影响到食物的销售单位,也会影响到与食物生产和供给相关的部门。旅游如何影响旅游地饮食消费并产生经济贡献是很多研究者关心的话题。喜欢美食的游客与其他游客相比,在度假过程中平均每天花费更多的钱。为了迎合游客对饮食消费的偏好,旅游地的食品生产可能会调整自己的生产规模和结构,比如加强农业的多样性。但也有研究表明,国际游客的饮食消费偏好并不会影响当地农业的发展。以加勒比海地区为例,Bélisle 提出,旅游中的饮食消费会从四个方面影响目的地的食物生产:一是旅游业的发展会吸引原有的农业劳动力从事旅游业,从而影响食物生产的劳动力结构;二是旅游业的发展会占用更多的土地,从而占用了原有的农业用地;三是相应的土地利用价值和土地结构的改变会影响农作物生产;四是直接促使当地农民拓展或转换所生产的食物类型以满足游客饮食消费的需要。

此外,研究者还发现了另一种情况,即游客在旅游目的地消费的并非当地食物,而是外地进口食物。这就意味着,游客的饮食消费对当地的经济发展带动作用有限,也意味着饮食消费并没有增加当地就业机会和农民的收入。Gooding 在巴巴多斯岛的调研证实了这一说法,游客消费的饮食中,当地生产的食物占比并不是很高。究其原因,一方面是游客可能有固有的饮食习惯,不喜欢食用当地的食物;另一方面则是当地生产的食物价格高,品质和供应难以保证。不过,Telfer 和 Wall 对印度尼西亚三个不同的酒店的食品采购过程的跟踪研究发现,其所调查的两家星级酒店都与各自所在地区的食品供应网络有很强的联系,而非星级酒店几乎完全依赖本地产品。

总体而言,游客的饮食消费对旅游目的地的经济主要还是产生较为正面的影响。游客对当地食品需求的增加也会促进当地食品销售合作网络的发展,给各类利益相关者,包括农民、食品生产商、餐馆老板等带来经济机会,毕竟游客的到来会实现市场的扩张。

2.1.6 旅游中饮食消费的环境影响与可持续发展

被浪费的食物被定义为由人类非消费目的的对可食用食物的使用,如把可食用食物直接倒掉。被浪费的食物又可分为食物损失和食物浪费两种类型。食物损失通常发生在食物供应链的前端,也就是在食物生产、收获、包装、搬运或存储等过程中产生的食物数量减少、质量或外观受损,使得原先可以被食用的食物被损坏、消耗、污染、变质或丢弃。食物浪费通常发生在食物供应链后端的分配或消费阶段,包括三种类型。一是可避免的浪费,也就是食物在某一时刻是可以食用的,但现在却变成了不可食用的食物;二是不可避免的浪费,指的是某些不能食用的东西,比如蛋壳;三是潜在的可避免食物浪费,有时会被浪费但不总是浪费的废弃物,如芹菜的叶子、土豆的皮。当然,食物浪费的三种类型在不同的文化语境中会有所差异。

在旅游饮食中,与食物浪费相关的主要是各种餐厅。在旅游的过程中,大部分的游客需要在外就餐,而在外就餐的食物浪费现象是比较严重的。研究结果显示,2010 年芬兰食品服务行业中的食物约有 20% 被浪费,造成浪费的主要因素是自助服务和过度生产。对北京、上海、成都和拉萨 4 个城市 159 家餐饮企业消费者餐桌食物浪费的现场调查发现,在外就餐的消费者人均每餐浪费量为 79.52 克,其中旅游者人均每餐食物浪费量(96.54 克)高于非旅游者人均每餐食物浪费量

(73.79 克)。朋友聚餐比其他情景更容易造成食物浪费;随着教育水平和年龄的增加,消费者人均每餐食物浪费量呈先增长后下降的态势;收入越高的消费者越容易产生食物浪费行为;不同消费时间、不同就餐频率群体在食物浪费上具有显著差异(张盼盼等,2018)。另外,消费者在不同类型餐馆中的食物浪费量也不同。

有不少学者围绕在外就餐应该如何减少和管理食物浪费展开了研究(Okumus,2020)。他们认为,这有赖于消费者的自觉,食物浪费属于消费者的个人行为选择,所有提倡节约食物的策略都需要落实到消费者个人(张盼盼等,2019)。消费者对食物浪费相关知识的掌握与认识有助于减少他们的食物浪费。Filimonau 等(2019)讨论了消费者亲环境的影响他们对食物的态度和减少在餐厅就餐浪费行为的意图。同样,Kim 等(2020)也揭示了消费者态度、主观规范和感知的影响对其减少在餐厅就餐浪费行为的影响。

从外在干预的视角来看,对消费者在外就餐食物浪费行为的干预对策可以被归纳为三种类型:先行干预、结果干预和食物环境干预(李若冰和刘爱军,2021)。先行干预是指在行为结果发生前采取的系列措施,包括信息性干预、提示干预等。其中,信息性干预是指通过普及知识或技能增强消费者对食物浪费后果的认识以及节约意识,提升行动力,主要方式是通过各类媒体和活动传播相关信息;提示干预,主要是指以书面文字、视频或口头形式提醒消费者减少食物浪费行为。结果干预则是依据消费者最终的行为是浪费还是节约,采取相关措施,以抑制个体再次产生消极行为或激励其继续产生积极行为,主要方式包括惩罚和奖励。这种惩罚和奖励可以由餐厅制定,也可以由社会或法律制定。食物环境干预是指通过在外就餐的环境,也就是餐厅向消费者提供食物的方式进行干预,主要是从餐盘的尺寸和食物的分量去考量。有研究表明,缩小餐厅餐盘的物理尺寸将使食物浪费减少 19.5%。同样,在关于薯条的实验中,Freedman 和 Bochado 发现,如果将每小袋的薯条分量减少 50%,可以使消费者的整体薯条消费量减少 30%、浪费量减少 31%。这可能是因为食物分量大会给消费者带来可以消费的食物量和预期食物剩余量的启发性或视觉层面的暗示,这种暗示反而会影响消费者进食,间接导致更多浪费(Lorenz-Walther 等,2019)。当然餐厅作为饮食消费场所,缩小餐盘尺寸和减少食物分量,有可能会引起消费者的不满,因此需要在综合衡量食物浪费情况以及充分告知消费者,并提供多种选择的情况下实施干预(李若冰和刘爱军,2021)。

2.2　研究涉及的理论基础

以下将对本研究所涉及的支撑理论,包括感知价值理论、价值接纳理论、社会责任消费理论、购后行为理论、态度行为情境理论及非惯常环境假说等进行梳理。

2.2.1　感知价值理论

"感知价值"的概念出现于 20 世纪 90 年代,并受到了学术界的持续关注。无论是企业还是学术界都意识到,"价值创造"是企业成功的关键因素(Spiteri 和 Dion,2004),为客户创造价值是企业得以生存的关键要素。关于何为"价值",似乎还缺乏明确的定义,甚至有学者认为,这一概念已成为社会科学领域的概念,是经常被滥用和误用的概念之一。

关于"感知价值"的定义,最常被引用的定义来自 Zeithaml,即"基于消费者接收到或被给予信息所形成的,消费者感知到的对产品效用的总体评估"。在这一定义中,充分体现了感知价值理论的哲学基础,也就是功利主义观,这一观点认为,效用是衡量个人的主观价值风险和不确定性下的货币。消费者花钱是为了最大化他们从中获得的"价值"服务。所以,价值是效用收益与成本代价之间的权衡,使消费者获取和使用服务。

目前的研究,将感知价值分为两种类型:一种是单维结构的感知价值;另一种则是多维结构的感知价值。根据单维结构的观点,感知价值是一个整体概念,可以通过消费者在购买过程中获得的价值进行评价和衡量。这种观点最早见于 Monroe 等一系列关于价格和质量关系的研究中。价值被认为是质量和价格之间的认识权衡,也就是说价值体现了价格是否符合消费者对质量的认知。随后,Zeithaml 在构建手段—目的理论时,借用了 Monroe 关于价值的概念,并将其界定为"给予"和"获得"之间的双向权衡,换言之,体现了消费者为获得使用价值而做出的牺牲。而手段—目的理论的核心在于,个人是有目标的,他们使用产品或服务属性作为手段来推断最终能获得的状态。

但随着时间的推移,研究者,仅仅将这种"价值"看作利益和付出之间的权衡,较为狭隘,他们认为,感知价值是一种多维结构,其中可以嵌入各种维度。Woodruff 和 Gardial 引用了手段—目的理论模型,并将其中的层级价值图改编为"客户价值层次结构",为管理者提供框架,协助他们认识客户价值。在这个变化中,价值并不再局限于产品属性,而是为了更高级的客户体验。随后,Woodruff 将感知价值定义为顾客对产品属性、属性表现,以及使用这些性能的结果能否达到顾客使用的目标和目的的评估。依据这一概念,价值具有了三个层次,即产品、表现和结果。关于其他多维度的感知价值,Babin 等开发了一个两分法的感知价值量表,用于评估消费者对购物的评价。在这个量表中,价值被分为功利主义价值和享乐价值。Mattsson 进一步拓展出三个通用价值维度,包括情感价值、实施价值和逻辑价值。情感价值聚焦消费者的感情;实施价值聚焦物质和功能的消费;逻辑价值关注在购买方面的理性和抽象特点。Sheth 等提出消费价值理论,认为价值形式可以分为功能性、社会性、情感性、认知性和条件性。功能性价值强调产品能否实现实用价值;社会性价值是指符合消费者所期望的社会形象;情感性价值则是消费的情感状态;认知性价值体现了消费者的好奇心和对新奇事物的追求;条件性价值反映了消费者所面临的一系列市场环境。基于互动偏好,Holbrook 提出了三对概念来描绘消费者价值:第一对概念是外在价值与内在价值;第二对概念是自我感受价值与他人认可价值;第三对概念是主动操控价值与被动欣赏价值。总体看来,感知价值从单维度向多维度的转变是一种必然趋势,而且在不同的情境下,消费者的感知价值会有所差异,因此需要进行情境化的细化研究。

2.2.2　价值接纳理论

价值接纳理论的前身为技术接受模型(Technology Acceptance Model)。这一模型是由 Davis 在 1986 年提出的,成为预测用户对于信息系统和信息技术的接受度的主要模型。而这一模型的基础则是源于心理学的理性主义行动与计划行为理论。最初的技术接受模型包含四个变量:感知易用性、感知有用性、使用态度和行为使用意向。其中,行为使用意向是因变量用于测试自变量感知易用性和感知有用性的效果;同时,行为使用意向也是一个自变量用于预测实际的技术效用情况。随后,Venkatesh 和 Davis 提出了修正的技术接受模型,在新版的模型中,他们舍弃了使用态度,加入了体验和主观规范两个变量。不过这个模型的主体理念并没有改变。自该模型提出以来,技术接受模型和它的修订版本应用在各种各样的技术手段上。King 和 He 对各个领域的技术接受模型进行统计分析后发现,技术接受模型是一个有效并且稳健的模型,可以在更广泛的领域内被应用。另外,为了检验技术接受模型是否能够真正影响到消费者的实际行为,Turner 等进行了系统性文献回顾。研究表明,行为使用意向和真正使用之间存在着可能的相关性,但是感知易用性和感知有用性与真正使用之间的相关性较低,因此他们认为消费者的实际行为与行为意向之间还是存在着一定间隙,在使用技术接受模型时要更谨慎。

在技术接受模型的应用过程中,感知价值理论被引入这一模型。Kim 等通过采用扩展技术接受模型研究了信息系统质量、感知价值和用户对酒店前台系统接受度之间的关系。研究表明,信息系统质量会影响到用户的感知易用性和感知有用性,进而影响到使用态度;与此同时,感知价值也会影响到用户的使用态度,最终影响实际使用,验证了模型的有效性,从感知价值的视角拓展了技术接受模型。Kim 等(2007)从价值角度研究了移动互联网作为一种新的信息和通信技术手段,消费者对其的使用情况。研究开发了基于价值的采纳理论(Value-based Adoption Model),解释了如何从客户价值最大化的角度看待移动互联网使用的问题。在这一理论中,消费者的信念(包括感知有用性和感知易用性)和消费者的牺牲(包括感知费用和技术程度)会影响消费者感知移动互联网的价值,但最终决定采用意愿的是感知价值。蔡继康(2013)所构建的消费者价值接纳理论中,他依据应有的交易性虚拟社区场景构建了四层次的模型:第一层次为信息交互和人际互动;第二层次为四个价值维度;第三层次为购物态度;第四层次为购物意向。同样,感知价值在这一模型中发挥了核心作用。Youn 和 Lee 所构建的基于价值的技术接受模型(Value-based Technology Acceptance Model),从消费者体验的角度拓展了技术接受模型。在这一模型中,消费者体验包括正面体验和负面体验两个维度。正面体验就是消费者的感知价值,包括社会价值、情感价值和功能价值;负面体验则是感知风险,包括价格风险和技术障碍。一正一反的消费者体验又影响到技术接受模型当中的感知有用性和感知易用性,进而影响到行为意向。结果表明,消费者从使用移动媒体服务中获得的社会、情感和功能价值的积极体验有助于消费者获得对付费服务有用性的信念;而对技术壁垒的负面体验消极影响了消费者对付费手机易用性的信念,而价格风险对感知有用性有负面影响,最终影响到持续使用付费移动媒体服务的行为意向。

2.2.3 社会责任消费理论

诺贝尔经济学奖得主 Hayek 曾提出过著名的"消费者主权理论"(Consumer Paramountcy Theory)。该理论的逻辑起点在于"消费的自由",也就是个人消费是建立在平等、自愿、自主的基础上,消费者完全可以根据自己的状况和需求做出自由的消费选择。但随着时代的发展,这一概念被其他学者所批判,认为消费者在享受消费的同时也应该承担起相应的责任。Anlil 提出了"社会责任消费"的概念,也就是在进行消费时,要兼顾个人需要的满足和整个社会福利,在考虑环境、资源、生态等问题的情况下实施消费行为和购买决策。随后又衍生出了"社会责任消费者行为"的概念,这一概念指出消费者在进行消费决策时要考虑到对环境的影响、关注社会问题,要将利益相关者纳入消费行为的考量之中。实施社会责任消费行为的消费者可以被看作负责的消费者,也就是意识到对产品和服务的购买会对环境产生影响,并更愿意光顾那些具有社会责任的企业的产品的消费者。

从上述的定义可以看出,早期对于社会责任消费行为的理解比较狭隘,主要关注的是两个方面:一个是环境保护的视角,将社会责任消费行为看作是与生态和环境有关的行为(晁伟鹏,2014);另一个则是与企业社会责任的概念紧密相连,将其看作是消费者通过购买、使用商品和接受服务,自觉抵制直接或间接危害社会可持续的产品及企业的行为,以维护社会整体和长远利益的道德行为(于春阳,2007)。基于这一思想,不少研究将消费者愿意为含有社会责任的商品花多的钱,信任具有社会责任感的企业,责罚不负责任的企业等视为重要的社会责任消费表现(阎俊和佘秋玲,2009)。它体现了消费者通过自己的购买行为而表达对社会问题关注的一种方式。

随着时间的推移,诸多社会问题日益突出,社会责任消费的研究也逐渐趋于复杂化。Roberts 就明确将社会责任消费分为生态意识消费和社会意识消费两个维度。除此之外,社会责任消费还包括对社会和国家的责任、对预防疾病和搞好公共卫生安全的责任、建立良好社会风尚的责任。阎俊和佘秋玲(2009)在开发社会责任消费行为量表(SRCB-China)时提出了三个维度的行为,即生态消费行为、正义消费行为和善因消费行为。其中,生态消费行为包括保护环境、节约资源、保护动物和适度消费;正义消费行为包括监督企业、维护自身权益、支持好企业和抵制坏企业;善因消费行为包括支持国货、支持中小企业和支持贫困地区企业等。这一研究结果较为全面地体现了社会责任消费的行为构成。随后,肖捷(2012)的研究得出了和 SRCB-China 相近的结果,主要是拓展了一个关于低碳生活习惯的维度。

2.2.4　购后行为理论

按照市场营销学理论,消费者在完成购买行为后就会进入购后行为阶段。购后行为被认为是对消费后行为研究的最重要的代表性指标,是消费者实际消费产品和服务后对表现的评估,表明了在有其他可行选择的背景下,消费者对购买某一产品或服务,或向某一供应商购买的未来行为承诺。购后行为可分为广义和狭义两种:广义的购后行为指顾客从产品使用到下一次购买决策之间的所有行为,包括购后所产生的内隐行为和外显行为;狭义的购后行为仅仅指外显行为。其中,内隐行为指由本次购买所产生的后悔或惊喜等心理活动,外显行为指重购、抱怨和传播等可以直接观察到的行为(李世骅,2020)。

Schiffman 和 Kanuk 指出,购后,消费者可能会形成三种评价:中立的感觉,也就是对实际表现感觉中立;满意,即预期期望得到满足,也就是表现超出了预期;不满意,即表现低于预期。根据强化理论,令人愉快的结果往往会产生积极的购后行为,而不愉快的结果则会产生消极的购后行为。在不同的情境之下,购后的外显行为表现会有所不同。针对旅游目的地的游览,Gyte 和 Phelps 在 1989 年进行了开创性的工作,他们观察到从英国到西班牙游览的游客具有重购的意图,也就是会在未来重新回到西班牙,而且愿意将西班牙推荐给其他潜在的游客,由此形成了一个旅游购后行为。这一研究结果,被之后的大量研究使用。购后行为基本上包含三个方面,即重访意图、推荐意图和替代意图。重访意图与游客未来再访问某一景点或目的地的意图有关;推荐意图则强调游客是否愿意向寻求他意见的人推荐这一个景点或目的地;替代意图相对使用得较少,它关注的是在有其他类似替代方案的情况下,游客是否会在不久的将来仍然选择这一景点或目的地。购后行为理论被大量地应用到景点和目的地的研究中,但多数是作为因变量存在,研究着墨不多,存在着零散不连贯的现象。在购后行为的三个方面中,研究主要集中在重访意图方面,并将其作为衡量实际访问的指标。而且研究表明,重访意图具有时间框架,越是忠诚的游客越可能在一定的时间框架内重访(Huang 等,2014)。如果没有时间框架,重访意图很有可能对真实重访的预测力不强。还有部分研究集中在推荐意图或正面口碑。相应地,替代意图在旅游研究中很少使用,一个可能的原因在于研究者普遍认为某一景点或旅游目的地很难找到相应的可替代选择。仅有部分研究考虑到了选择其他可替代产品的可能性,将其作为购后行为的测量指标(Adam 等,2019)。

2.2.5 态度行为情境理论

态度行为情境理论(Attitude-Behaviour Context Model),通常被简称为“ABC理论”,是由 Stern 及其同事一起开发的,这一理论最大的贡献在于它克服了社会心理学文献中的内外部两分法,在个体与环境之间架起了桥梁。这一理论的理念就是“行为(B)是个人领域态度变量(A)和情境因素(C)的互动物”。这里的态度变量包括个人的信念、规范和价值观以及行事模式。情境因素则可能包括各种各样的影响,如成本、收益、能力、约束、制度、法律、公共政策、社会规范等,在有些情况下,情境因素可能包括社团、社会背景等。在这一理论中,得到行为结果的关键是态度与情境之间的关系结构。但情境因素的强弱会影响到态度与行为之间的关系。当外在情境因素较强时,会遮蔽态度的影响;反之则不产生影响。另外,当行为特别困难、不方便和昂贵时,态度的影响也不会太大。在大部分使用 ABC 理论的研究中,情境因素往往只会引入单变量,很少会考虑到多类型的外在情境变量。只有少量的研究考虑了多样化的外在情境变量,比如 Nag 在研究亲环境行为时,就考虑了气候、领袖支持和角色过度承载等外在情境变量的影响;Xu 等则考虑了人际交往、人际沟通等外在情境变量对能源节约行为的影响。Ertz 等则围绕亲环境行为,全面地探讨了可能存在的情境因素,如人际影响、政府规制、回收装置可达性、公共交通质量、价格体系等。

整体而言,这一理论将消费者的行为与特定情境联系起来,强调了环境对个人行为的影响,而且特别强调了在不同环境或情境之下行为结果的不同,具有很强的解释力。由于这一理论最早被用于生态环境行为研究之中,因此主要的研究成果都集中在环境行为理论中,其在其他领域的稳健性有待进一步检验。由于旅游活动是从家到途的情境迁移(管婧婧等,2021),因此 ABC 理论在旅游研究中应该具有很强的适用性。另外,在这一理论中并未考虑消费者的习惯,所以 Stern 提出如果要构建一个更为综合的模型,应该要考虑态度、情境因素、个人能力和习惯。其中,态度、情境因素乃至行为的构成还有很大的探索空间。

2.2.6　非惯常环境假说

旅游中的饮食消费是一种离开常住环境的饮食消费。在消费者从日常环境进而到非惯常环境的过程中,情境变化会对旅游者的行为产生深刻的影响(张凌云,2008),因此要在理解非惯常环境特征的基础上,研究情境变化对旅游者饮食消费行为的影响。非惯常环境假说由张凌云于 2008 年提出,认为旅游就是人们在非惯常环境(Unusual Environment)下的体验和在此环境下的一种短暂的生活方式。同样,世界旅游组织在界定旅游活动时,也提出"旅游活动是指一个人旅行到并停留在一个惯常环境之外的不超过连续一年的活动,而且这一活动的目的是工作、休闲和其他不以获得酬劳为目的的活动"。可见,非惯常环境是旅游研究的特定情境,也是旅游者行为的逻辑起点。

从理论上而言,非惯常环境是指惯常环境之外的地方。但这里又牵涉到何为"惯常环境"? 管婧婧等(2018)认为,惯常环境是人们日常重复性实践和思维所构建的经验地方,它具有相对稳定的地理边界。所以,非惯常环境①代表着在人们日常熟悉环境之外的地方,对游客而言通常会感觉到陌生、低效、无安全感和不适,但也可能存在新奇等复杂认知。非惯常环境有空间和时间上的两大特征:从空间上具有异地性,也就是一定是离开日常环境之外的地方;从时间上具有暂时性,也就是说旅游者不会在这个地方进行长时间的停留,而且这个时间一般来说属于消费者的闲暇时间。基于这两个特点,就可以将旅游、移民、求学、公务等活动区分

---

① 关于非惯常环境假说的理论阐述,请延伸阅读《非惯常环境及其对旅游者行为影响的逻辑梳理》一文(论文发表于《旅游学刊》2018 年第 4 期,人大复印报刊资料《旅游管理》2018 年第 7 期全文转载)。

开来。同时,正是由于旅游活动是从惯常环境向非惯常环境的流动,因此惯常环境的文化意图会影响到其对非惯常环境的感知(管婧婧等,2021),所以在研究旅游中饮食消费时要考虑家途比较的视角。

　　对概念的梳理虽能帮助人们厘清非惯常环境到底是什么,但却缺乏可操作性,也就是无法在实证研究中凸显出非惯常环境的情境因素。管婧婧等(2018)提出了一个相对具有可操作性的四维度概念,即经济维度、信息维度、文化维度和认知维度。其中,经济维度主要表现为沉没成本和重置成本;信息维度表现为信息混乱和双向信息不对称;文化维度表现为文化冲突、文化吸引和文化缓冲;认识维度则包括旅游地实体对象感知、环境和资源认知,如熟悉/陌生、风险/安全、独特性、原真性等,以及旅游者与旅游地情感联系等多个层次。非惯常环境的四个维度在后续的实证研究中得到了进一步的证实。比如,对于非惯常环境的认知维度涵盖新奇/熟悉、风险/安全、情境控制/失控、舒适/不适、情感联系/脱离等二元变量(管婧婧等,2021);又如,非惯常环境引发的沉没成本、信息混乱等变量会影响到消费者的购物行为(Guan等,2021)。至于文化维度,关于旅游者和目的地之间的文化差异所形成的一系列后果,得到了较多学者的关注(Jung等,2018)。随着非惯常环境假说从概念化模型向可操作化变量的转变,人们可以在更多的旅游研究中,将非惯常环境这一情境背景纳入其中,从而找到旅游者在行为表征上的特点及形成原因。

第3章 旅游中饮食消费的价值

本章的主要内容是分析旅游中饮食消费价值的构成要素和结构。在这一过程中,将首先明确研究中的关键概念,并通过文献综述对已有关于饮食消费价值的研究进行归纳和总结,结合相关理论进一步拓展饮食消费价值的内涵构成。在文献研究的基础上,本章将采用定性和定量相结合的研究方法,通过深度访谈、主题分析、词频分析构建旅游中饮食消费价值词库,通过问卷调查编制词汇评定量表,通过二次问卷调查编制自陈量表,最终形成一个蕴含理论的具有可操作性的旅游中饮食消费价值量表。

3.1 概念界定与文献综述

3.1.1 概念界定

本章涉及的核心概念有本地饮食、本地饮食消费、旅游中饮食消费价值等。

首先要界定的是"本地饮食"(Local Food)的概念。本地饮食是与饮食全球化和快餐化相对的概念。必须要承认,在饮食全球化和快餐化的背景下,兼及旅游者个人饮食偏好的差异性和各类制约性因素的影响,比如价格、信息不对称等,旅游者在旅游途中未必能够品尝到本地饮食。早年从中国前往日美欧澳各地旅游的游客,惊愕于当地饮食消费的昂贵,对比在家时外出就餐的消费,得出快餐在家途之间价格差异较小的结论,经常会选择快餐作为旅途中的饮食。但从旅游目的地饮食文化传播和推广、提升旅游体验、加深对旅游目的地感知的角度而言,品尝本地饮食似乎比品尝饮食对旅游者和旅游目的地都更有意义。因此,在本研究中更关注的是旅游者对"本地饮食"的消费。在这里,"本地饮食"是指一个特定地区使用当地的食材,或至少是用当地传统方法制作的食物。具体联系到本研究中的案例地,浙江本地食物指的是传统的浙菜,包括长期在浙江流传的烹饪传统和做法。

接着要界定的是"本地饮食消费"(Local Food Consumption)的概念。本研究聚焦的对象是饮食消费而非饮食,这两者是密不可分又有区别的概念。饮食是饮食消费的核心和载体,没有饮食,饮食消费就无从谈起。但与此同时,饮食消费又不完全等同于饮食,因为饮食消费过程中还涉及服务、氛围、文化、体验等。Guan等(2015)在讨论本地饮食吸引力的时候就指出,本地饮食的吸引力构成具有三个层次:第一层是"核心产品",所谓核心产品通常不是有形的,而是对游客的价值;第二层是游客认为正在购买的"正式产品",正式产品通常是实物产品,可以用产品的各种特性来衡量其水平;第三层是"增值产品",是产品的非物理部分,它表明了供应商提供的其他增值功能和收益。① 由此可见,旅游中饮食消费并不仅仅局限于实物产品,还存在着对其他附属增值功能的消费。因此在本研究中强调的是"本地饮食消费",也就是围绕本地饮食的一系列消费活动,这些消费活动不仅包括了对饮食本身的消费和饮食附加值的消费,也包括了消费活动本身和消费活动所带来的意义。

"旅游中饮食消费价值"(Food Consumption Value in Tourism)从语义分析来看是关于饮食消费的价值,而这一饮食消费发生于旅游情境之中。由于饮食消费价值的提出是基于感知价值理论,而感知价值理论又是以顾客为导向的,强调的是顾客对饮食消费具有何种价值的评估,因此旅游中饮食消费价值指的是消费者在旅游中消费当地食物时或者说消费完当地食物后感觉自己所获得的效益。由于旅游者在旅游之前对目的地所知甚少,或只对目的地有一些特定的印象,因此很难形成明确的旅游期望,也就很难在期望不一致的框架下形成满意度,由此有学者指出满意度并不适合用来衡量游客的总体评价。游客更多地会将当下的旅游经历与之前相似经历作比较,或者是将所得收益与牺牲进行比较。由于感知价值的出发点就是收益与牺牲之间的权衡,因此感知效益比满意度更适合衡量旅游情境中的总体评价。另外需要强调的是,在本研究中感知价值更侧重所获得的积极效益,并不考虑付出的成本。因为在本研究中,引入了另一个"旅游中饮食消费总体价值"(Overall Value of Food Consumption in Tourism)的概念,衡量的是消费者在权衡总体评价收获和付出之后形成的感知,是基于成本-收益分析框架所形成的感知,类似于"物有所值"(Value for Money)。关于旅游中饮食消费总体价值概念将在后续的章节中展开进一步分析。为了行文简练,在本研究的后续章节中若非特别指出,"饮食消费价值"通常指的是"旅游中饮食消费价值"。

---

① 关于本地饮食消费维度的理论阐述,请延伸阅读 *The contribution of local cuisine to destination attractiveness: An analysis involving Chinese tourists' heterogeneous preferences* 一文(论文发表于 *Asia Pacific Journal of Tourism Research*,2015 年第 4 期)。

3.1.2 文献综述

以下的综述主要围绕"饮食消费价值"展开,包括旅游和非旅游情境中的饮食消费价值,旨在为后续研究奠定理论基础并找到研究空隙。

Dagevos 和 van Ophem(2013)构建了一个关于饮食消费价值的概念和维度。这一饮食消费价值的探究是基于非旅游情境提出的。在这个饮食消费价值的研究中,他们首先探讨了与饮食消费价值相关的两个维度。第一个维度认为,探讨饮食消费价值时应该是生产和消费并重的。换言之,虽然感知价值是消费者导向的,但感知的对象仍然是产品,两者是交织在一起、不可分割的。市场最终是生产者和消费者之间的交汇点。特别是随着时代的发展,互联网技术的普及,生产工艺和方式的改进,价值共创理念的兴起,越来越多的消费者涉入生产端,成为共创者(Co-creators)和专业消费者(Prosumers)。第二个维度是关于真实产品(Real Goods)和感觉产品(Feel Goods)的。这一维度主要想表达的是,食品除了能够提供能量和风味之外,也可以带来愉悦、担忧这样的心理感受。除此之外,感觉产品也代表着交换价值、身份价值、符号价值和道德价值等(Dagevos 和 van Ophem,2013)。进一步地,Dagevos 和 van Ophem(2013)所构建的饮食消费价值概念包含四个要素,分别是产品价值、生产价值、地点价值和情感价值。其中,产品价值主要关乎产品的特征,诸如营养价值和感官性能(如材质、色彩、新鲜度、味道和风味)等。如果说产品价值更多是自我导向的,那么生产价值就更多是他人导向的,体现了消费者对他人和世界其余部分的关注。由于空间和文化的距离,消费者在消费食物的时候甚至不知道食物的来源产地等信息,陷入了纯粹的消费主义刺激中。地点价值是关于饮食被购买和消费的环境特征,这是考虑到越来越多的人在外用餐。地点价值包括场地的规模、建筑风格、风景、氛围以及接待人员的服务,也包括体验性的特征,比如同行人员、娱乐项目等。最后一项价值是情感价值。Dunbabin 在对罗马帝国的研究中指出,"当我们拜访一位富有的罗马人的豪宅时,最重要的社会活动、最大的娱乐就是用餐"。饮食消费产生的体验、娱乐、自我放纵、身份等都是情感价值的来源。依据上述分析,Dagevos 和 van Ophem(2013)构建了一个包含二维度四要素的饮食消费价值模型(见图 3-1)。

关于饮食消费具有多元价值的理念同样体现在 Choe 和 Kim(2018)关于旅游者地方饮食消费价值的文章中。Choe 和 Kim(2018)指出,目前关于地方饮食消费价值的研究多为单一维度或者过于简单化,并没有形成能够解释地方饮食消费多元价值的测量工具。基于这一观察,他们开发了一个包含七个价值维度的旅游者地方饮食消费价值量表。这七个维度分别是情感价值、认知价值、健康价值、声

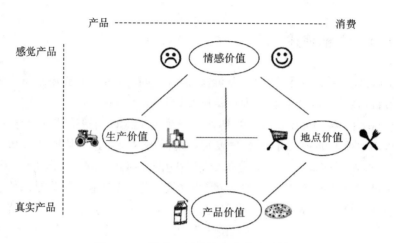

图 3-1 二维度四要素饮食消费价值模型

望价值、味道/品质价值、价格价值和交互价值。其中,情感价值是指消费目的地饮食所获得的感觉或情感状态,并由此形成的感知效用。这种情感状态可以是快乐、愉悦等。认知价值体现了消费目的地饮食过程中所获得的知识和文化,由此会激发消费者对当地饮食信息的进一步探索。健康价值是关于消费目的地食物能够促进健康的感知效用。声望价值是指通过消费目的地饮食而能获得的社会自我概念的增强,以及由此带来的效用感知。味道/品质价值表明消费目的地食物所获得的感知效用符合对当地食物质量表现的预期。价格价值体现了由于在食物原产地消费而降低开支所带来的感知效用。交互价值体现的是在消费目的地食物时通过游客与游客间互动和游客与居民互动所获得的价值。

　　旅游者地方饮食消费价值的七个维度其实可以进一步归纳为三个层次,也就是功能性价值、情感性价值和社会性价值。这三个维度正是层次式体验价值所提出的。层次式体验价值的底层为功能性价值,包含实用性和感觉两个子维度,它是作为保健因素满足消费者的生理需求和安全需求。处于中层的情感性价值,包含情感和认知两个子维度,对应消费者的安全需求和归属需求。处于顶层的社会性价值,包含生活方式和关联两个子维度,对应的是归属、尊重和自我实现的需求(张凤超和尤树洋,2009)。在旅游领域,Guan 等(2021)以全服务酒店为例,探索并重构了包含功能性、情感性和社会性的体验价值及其对品牌认知的影响。[1]

　　体验价值除了层次式体验价值外,还有内省式体验价值和关联式体验价值。

---

①　关于饮食消费价值维度的理论阐述,请延伸阅读 *Customer experience and brand loyalty in the full-service hotel sector：The role of brand affect customer experience and brand loyalty* 一文(论文发表于 *International Journal of Contemporary Hospitality Management*,2021 年第 7 期)。

内省式体验价值源自消费者对消费对象的主观理解和感受,也就是消费者自我感知的体验状态。这种感知状态关乎消费者的感知技能与感知挑战的相互间作用,强调亲身参与。关联式体验价值强调的是消费者与消费情境之间的关联程度。依据消费者的内在和外在价值,以及情境所导致的主动和被动价值,可将消费者体验价值划分为四个维度,也就是投资报酬、服务卓越性、趣味性和美感。Tsai 和 Wang 的实证研究表明消费者回报的体验价值能够影响目的地的饮食形象,进而影响到旅游者参与美食旅游的意向。

　　除了体验视角的价值之外,还有道德价值。在这里,道德价值并不等同于价值观,它更多强调的是一种道德行为产生的价值。根据 Rettig 和 Pasamanick 的研究,道德价值包括六个方面,即一般道德、宗教道德、家庭道德、清教徒式的道德、剥削操纵的道德和经济道德。在这六种道德价值中,一般道德、宗教道德、家庭道德和经济道德较好理解,从字面意思就能明白其内涵。清教徒式的道德,指的是在一些传统上被认为是错误的,但其实在本质上并非错误的道德观念(Retting 和 Pasamanick,1961)。剥削操纵的道德,包括各种道德上被认为是禁止和错误的,但可能会冒着风险、通过剥削获得的行为。

3.1.3　文献综述小结

　　通过对文献梳理和总结,可以发现已有文献对感知价值具有较为深入的研究,从不同的角度和维度提出了感知价值理论。当然,由于不同事物具有不同的价值构成,因此需要针对特定的对象研究其价值的构成。饮食消费价值和旅游者地方饮食消费价值比较好地体现了对特定研究对象价值构成的剖析。通过对上述两个概念的比较和分析,会发现无论是 Dagevos 和 van Ophem(2013)提出的二维度四要素模型,还是 Choe 和 Kim(2018)提出的七维度模型,都可以进一步地归纳为功能性价值、情感性价值和社会性价值。在这里,功能性价值指的是饮食消费中可以获得的实质性产品,如产品价值、价格价值、地点价值、健康价值、味道/品质价值等。情感性价值则是指美食消费中可以获得的情感上的满足,这种情感上的满足涵盖了 Choe 和 Kim(2018)所提出的情感价值和认知价值,同时也应该包括体验价值所提倡的参与性体验、趣味性价值和审美价值。社会性价值体现的是从社会群体角度考虑的饮食消费价值,包括人际价值、身份价值、符号价值等。在这三个层次的价值之外,基于社会责任消费理论,还应该考虑道德价值,也就是在饮食消费中,消费者负责任的消费行为所产生的道德价值。道德价值将其单列在社会价值之外,是因为社会价值更多考虑的是消费者与社会之间的关系,而道德价值考虑的是消费者的自我道德意识。概括来说,功能性价值满足的是消费者生理和安全的需求,情感性价值满足安全和归属的需求,社会性价值满足归属和尊重的需求,道德价值更多对应的是自我实现的需求。综上,通过文献综述的回顾和分析,本研究认为,旅游中饮食消费价值至少应该包括功能、情感、社会和道德四个维度,各个维度之下又存在着子维度。为了形成一个综合性的、具有操作性和指导性意义的旅游中饮食消费价值测量工具,本研究将通过定性和定量相结合的研究方法进行量表的构建和验证。

3.2　研　究　过　程

3.2.1　研究范式

整个研究以现实主义的哲学范式为基础。现实主义认为,一个单一的、独立于心智的现实可以有多种感知。一个真实的世界是可以被发现的,但是这个发现是不完美的,并且不能完全被理解。也就是说,现实主义者承认世界和感知之间的差异具有一定的可塑性。现实和人们对现实的看法是有区别的。简而言之,现实主义者认为只有一个现实,但可能需要多元化的感知,才能更好地了解现实。

根据现实主义范式,现实包括机制、事件和经验。世界可以分为三个领域,即真实领域、实际领域和经验领域。真实领域命名和描述在世界上运行的生成机制,并形成可能观察到的事件。不管观察到与否,事件的模式都发生在实际领域中。经验可以通过在经验领域的直接观察获得。现实主义研究的目标是发现这些可观察或不可观察的事件和经验背后的生成机制。

在现实主义框架内,定性和定量方法都被视为研究驱动事件和经验的潜在机制的合适方法。同时,运用定量和定性的研究方法是可以接受的,也是合适的。对于现实主义来说,定量方法和定性方法之间表面上的二分法并不重要,这二者都将被作为工具用以揭示事物的生成和运作机制。

3.2.2　研究步骤

探索饮食消费价值是本研究的重点与核心,将通过三个子研究来完成。第一个子研究是通过深度访谈,基于主题分析探索与价值相关的关键词和关键要素。第二个子研究是通过问卷调查、词汇研究的方式探索饮食消费价值的内涵,确定饮食消费价值的词库,并编制饮食消费价值词汇量表,探索价值结构,同时形成具有良好信度和效度的饮食消费价值词汇评定量表。第三个子研究是在前面两个子研究的基础上,编制饮食消费价值的自陈量表,继续探索和验证饮食消费价值的结构与构成。多研究方法的运用将提升"旅游中饮食消费价值"这一概念构成的信度和效度。本书将按照三个子研究的顺序,对整个研究过程进行阐述。

3.3　研究一:对饮食消费价值的深度访谈和主题分析

3.3.1　数据收集过程

深度访谈于 2020 年 12 月在中国杭州进行。由于本子研究的目的是了解饮食消费价值的要素构成,并没有特定指向的地方饮食种类,因此对于调研地点的选择并没有要求,更重要的是被调研的对象。研究采用目的性抽样的方式,根据预先选择的标准选择受访者。最重要的标准就在于,受访者必须是与旅游中地方饮食消费密切相关的人,这是由于本研究考虑的是旅游中的饮食消费价值,而非旅游者的饮食消费价值,所以虽然旅游者是消费价值的主要评价者,但本地饮食的生产者也会对饮食消费价值有自己的理解,这一理念符合 Dagevos 和 van Ophem (2013)所倡导的生产价值和消费价值统一的观点。与旅游中地方饮食消费密切相关的人包括:一是近期曾经有过旅行经历并在外享用过地方美食的游客,或者是有过多次的旅行经历并在外享用过地方美食的游客,虽然他们的旅游饮食消费记忆并不新鲜,但会比较深刻,都能够较好地反映出对旅游中饮食消费价值的看法;二是为游客提供地方美食的生产者,以及为游客提供地方美食的策划者。

有 15 位受访者接受了深度访谈的邀请,所有的受访者都是中国公民,以避免因文化背景差异对结果产生影响。受访者的人数满足理论饱和的要求。深度访谈技术中的理论饱和指的是新的访谈不再为研究问题带来额外的信息。由于最后两位受访者没有为研究问题带来新的信息,研究人员决定终止邀请新的受访者。研究者采用滚雪球的方式进行邀请,主要邀请的是符合上述筛选条件的人选。采用滚雪球的邀请方式好处在于能够与受访者进行深度接触,进行较为深度的交流,不会受到访谈时间和地点的约束。

　　如表 3-1 所示,总共 15 位受访者接受了采访:其中女性 8 位、男性 7 位,年龄层涵盖 20—68 岁,受教育程度涵盖了从中专到研究生。15 位受访者中,有 9 位为消费者,主要是从游客的视角探讨旅游中的饮食消费价值;另有 6 位为美食产品开发者,包括从事食品技术工艺开发和烹饪餐饮开发的人员。美食产品开发者主要是在旅游目的地的企业和政府推广美食旅游的人员。

表 3-1　受访者概况

受访者编号	性　　别	年龄/岁	受教育程度	角　　色
I1	女	36	本科	消费者
I2	男	68	高中	消费者
I3	男	42	研究生	美食产品开发者
I4	女	21	本科	消费者
I5	女	26	研究生	消费者
I6	女	24	研究生	消费者
I7	女	40	研究生	美食产品开发者
I8	男	35	本科	美食产品开发者
I9	男	38	本科	美食产品开发者
I10	男	58	本科	美食产品推广者
I11	男	64	高中	美食产品推广者
I12	女	20	本科	消费者
I13	女	65	中专	消费者
I14	男	20	本科	消费者
I15	女	34	本科	消费者

　　深度访谈采用的是开放式的问题,这些问题是根据当前的研究目标而设计的。在访谈中,研究者先通过情境举例的方式,让受访者想象自己是在一个旅游的情境中对地方美食进行消费,回答一个较为笼统的问题:您认为在地方美食的消费过程中,哪些要点是对您有价值并让您印象深刻的?可以用词语来描述说明。当受访者提到某一个他认为比较重要的价值时,研究者会进一步鼓励他解释原因,或是讲述与之相关的饮食消费故事。所有访谈内容都被转录为文字,一共形成了约 15 万字的转录稿,用于数据分析。

3.3.2　数据分析过程

　　鉴于本研究的目标是厘清旅游中饮食消费价值的构成要素,而非建构要素之间的关系,因此采用了主题分析法。主题分析法是一种系统地识别和洞察数据主题(意义)的方法。它被认为是一种弥合定量研究所依托的实证主义和定性研究所依托的解释主义分歧的方法,因为它更多的是被界定为一种工具用以收集和分析定性数据。主题分析中,通常包括一级、二级和三级三种级别的编码。一般的编码都是从非常基本的描述级别开始的,然后以系统的方式向更高的解释级别发展(Langridge,2004)。

软件 Nvivo 11 被用于编码,在初始阶段会对原始质性资料中任何可以编码的内容进行语义拆分:一是对受访者所提出各种关键要素直接"贴标签";二是对受访者所讲的内容进行语义切片的提取,经过对所有资料的逐句审阅,并删除与关键要素重复的语义切片后,共抽取了 126 个语义切片。将第一和第二两种语义切片进行合并后,对数量庞大的相关类似概念进行反复多次的"聚拢",含义相近的语义会被进一步合并。比如,一开始"食物卫生"在材料中出现后,会编码为一个原始标签,形成一个语义片段。而当"干净的食物"出现的时候会被先视为一个不同的语义片段,在后续编码过程中这两个语义片段会被合并,并形成一级编码。另外,反常案例在编码中被进行了仔细检查。分析反常案例为数据分析提供了完整视图。如果没有反常案例,说明研究者可能是在寻找能够证实先前经验的证据。比如,通常情况下,如果游客发现在旅游目的地进行饮食消费时会收取比当地人更多的钱,游客会感到懊恼和不公平,但也有游客认为自己是在面向旅游者的餐厅,比当地人常去的餐厅收取更高的费用是可以接受的。这其实某种程度上是对旅游者造成目的地物价水平较高的一种自觉,也可能是旅游者出于帮助当地人的心理。对反常案例的研究具有深刻意义。在剔除和合并语义片段的过程中,研究者邀请一位研究助理对材料进行了编码,并对编码材料进行了交叉验证,对分歧意见达成共识,最终合并形成 46 个一级编码。

在更高一级编码阶段,试图将一级编码聚集到更抽象的概念类别中。通过对已有数据不断地比较、合并和修改先形成二级编码。接着通过同一种方法将二级编码凝练成主题,形成三级编码。在这一过程中,新凝练的主题又和原始数据进行了对比,也和现有理论之间进行了对比。一位研究助理受邀对打散的主题和二级编码进行归类匹配,确保所有归类达成共识。当概念类别结构稳定、概念清晰,能找到范例支撑的时候,选择性编码完成。最终 46 个一级编码被合并为 18 个二级编码,再进一步凝练为 6 个主题,即功能价值、情感价值、文化价值、体验价值、社会价值、道德价值(见表 3-2、表 3-3)。

表 3-2　一级、二级编码结果

二 级 编 码	一 级 编 码
饮食品质	色香味俱全

续表

二 级 编 码	一 级 编 码
饮食多样性	品种多、做法各异
饮食便携性	方便携带、适合做礼品
饮食安全与健康	卫生、绿色、营养、当季而食
消费场所	服务、氛围、装修、主题、知名度
愉悦	趣味、快乐
美感	享受、协调
新奇	特别、初次、独有
难忘	回忆、印象深刻
真实性	传统、正宗、当地风味、代表性
饮食文化呈现	品名、主题宴席、影视作品
饮食文化内涵	故事、知识性
参与式活动	美食节、仪式、美食表演、参与制作
消费的环境	用餐场所的周边环境
人际价值	游客间互动、游客与当地人互动、游客与表演者互动
身份价值	体现面子、提升声誉、象征意义
利他性	帮助地方经济、传播地方文化
负责任	避免食物浪费

表 3-3　三级编码结果

主题(三级编码)	二 级 编 码
功能价值	饮食品质、饮食多样性、饮食便携性、饮食安全与健康、消费场所
情感价值	愉悦、美感、新奇、难忘、真实性
文化价值	饮食文化呈现、饮食文化内涵
体验价值	参与式活动、消费的环境
社会价值	人际价值、身份价值
道德价值	利他性、负责任

经过以上三级编码,"旅游中饮食消费价值"的 6 个主题已经显现。但为了构建理论,经过反复多轮讨论,最终将 6 个主题再凝练为 4 个理论主题,并构建了PPSM模型。P代表的是实体价值(Physical Value),在这里将功能价值、文化价值、体验价值合并为实体价值,主要考虑的是这三项价值都是围绕实质性美食产

品及其附加的文化价值和体验价值,因此还是将这三项合并为属性价值。第二个
P 代表的是心理价值(Psychological Value),也就是原来的情感价值,它代表的是
消费者基于产品消费获得的心理收益,而且这种感知是自我内在的。S 代表的是
社会价值(Social Value),社会价值虽然也是一种心理上的收益,但这种收益是基
于自我和外在的联结而形成的。M 代表的是道德价值(Moral Value),这一价值
不仅仅是心理的收获,更具有道德的高度。

从四者的关系来看,心理价值和社会价值是实体价值的衍生,实体价值是形
成心理价值和社会价值的基础,但是心理价值与社会价值并非层次式体验价值所
提出的层次关系(张凤超和尤树洋,2009)。心理价值和社会价值之间是基于不同
关系,即个体自我和个体与社会之间的关系形成的两个类型的价值。道德价值是
高于心理价值和社会价值的层次价值,本身包含了两个维度:一个维度是利他性,
可以看作是更高层次的社会价值,也体现了个体与社会的关系;另一个维度是负
责任,体现的是个体自我关系,是更高层次的心理价值。PPSM 模型如图 3-2
所示。

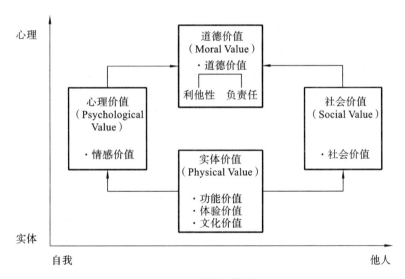

图 3-2　PPSM 模型

3.3.3　主题分析的结果呈现

这一部分将对饮食消费价值的构成维度展开深度论述,整个段落架构将依据
功能价值、情感价值、文化价值、体验价值、社会价值、道德价值 6 个核心范畴
展开。

1. 功能价值

(1) 饮食品质

所谓饮食品质,用最朴实的话来说,就是"色香味俱全",也就是能在视觉、嗅觉和味觉的感官评价中获得较高的分数。由于对食物味觉的感知离不开视觉和嗅觉的影响(李沐航,2014),所以三者是相辅相成的关系。视觉,所见包括饮食的颜色、形状和呈现方式,能够吸引游客尝试当地美食。通常,视觉是个体在考虑尝试某种特殊食物之前必须满足的第一种感官。这就是饮食消费场所往往会展示食物的图片原因所在。研究证实食物的视觉外观对个人食欲有影响,比如蓝色被认为是抑制食欲的颜色,而暖色(红色、黄色等)则被认为是刺激食欲的颜色。受访者提到了:

"当我对某些食物的味道不确定时,我会选择看起来更像样的食物,这样比较有保障。"(I15)

"有段时间,西湖那个网红雪糕宣传得很厉害,我去买了一根,味道也就是普通雪糕的味道,就是拍照好看。"(I12)

研究表明,嗅觉刺激在味觉感知中起着相当大的作用;没有嗅觉刺激,一个人就无法评价食物。比如人工调味的果冻、软饮料和糖果,它们虽然由类似的原材料加工而成,但由于使用了不同的香味,它们的口味也有很大的不同。因此,嗅觉在评价饮食品质中也具有重要作用。一位受访者以"臭豆腐"为例说明了这一观点:

"有一次我去长沙,路过一个卖臭豆腐的小贩,闻到了臭豆腐的味道,立刻就买了一份。那个味道整条街都能闻到。"(I14)

在视觉和嗅觉之外,对地方饮食而言,最重要的当属味觉。"好吃"是对饮食的基本判断。在这里味觉并不仅仅指甜、咸、酸、苦、辣和鲜六种中国烹饪所常见的味道,而是指代咀嚼过程中由食材、味道等共同产生的整体感觉。必须指出,同嗅觉一样,味觉的喜好也会因人而异,有人喜脆,有人喜软,有人喜甜,有人喜辣,也就是中国成语所说的"众口难调"。

"我们年纪大了,外面的食物不大吃得惯,去四川、贵州旅游吃的那些辣的都不大吃得惯,而且也不大咬得动。只有一次去北京吃的烤鸭,这个符合我的口味,味道很好很正宗。"(I13)

随着人们流动性的增强,有了越来越多游历各地的机会,也为人们提供了品尝新食品、新口味的机会。但正如文献综述部分所分析的,并不是所有的消费者都喜欢新奇的食物,一个人在家中长期形成的本土饮食习惯在跨入旅途的非惯常环境中可能会保持相对稳定。这并不意味着旅游目的地的饮食品质不好,而是消费者固有文化的影响。特别是年纪较大的游客往往会更坚持自己已有的习惯。

（2）饮食多样性

饮食多样性是目的地菜肴的一个基本特征。Reynolds 在早年进行的一项研究就表明，巴厘岛的游客有超过一半的人抱怨没有更多的当地菜肴可供选择，并将其作为评价整体旅游体验的一个重要标准。这种多样性的选择一方面可能是因为游客对多种多样食物的选择偏好；另一方面也可能是因为食物的多样性可以确保游客在自己的舒适圈里找到当地的食物。比如有受访者表示在国外旅行时：

"我在美西（美国西部）旅行的时候，要不就是吃汉堡，要不就是吃那种美式的中餐。实在是没什么可以吃的。"（I2）

这种多样性可能体现在食材多样，比如茹素的游客可能会希望能找到纯素的食品；也可能体现在烹饪的方式多样性，比如不仅有比较油腻的烹饪方式，也有清淡的烹饪方式；也可能体现在种类的多样性，比如除了有正餐，也可以有各种有特色的地方小吃；也可能体现在口味的多样性，比如川菜号称"一菜一格，百菜百味"，除了麻辣类味型也有咸鲜酸甜类味型；也可能体现在价格的多样性，既有平民饭馆，也有高档餐厅。

（3）饮食便携性

饮食便携性或者说方便性，充分折射了工业时代的饮食消费观念。方便食品被认为是"将准备工作的时间和活动从家庭管理员转移到食品加工者"的结果。对消费者来说，便利已成为一个越来越重要的因素。如今，与便利相关的食物质量不仅与在厨房的时间有关，还包括购买、储存、准备和消费食物所花费的时间和精力。根据文献综述，消费者所寻找的便利食品特征与时间利用、可及性、便携性、适宜性、方便性以及避免不愉快有关。方便食品或者便携的食品其实在游客人群中有一定的市场。游客会购买当地的易保存和易携带的食品，比如烧饼等，作为旅途中休闲、赶路或紧急状态的食物。而从目的地饮食开发者的视角而言，饮食的便携性意味着食物可以被当作旅游纪念品购买和携带。虽然有些游客吃的是地方性的食物，但也有人购买当地食物作为纪念品，甚至会带来后续的持久性购买，正如一位受采访的美食产品开发者所说：

"我们正在改进'索面'（当地特产）的做法，延长保质期。以后来疗养的人在这里吃得好，可以带一些回去。"（I8）

（4）饮食安全与健康

Elsrud 认为，体验真正的当地饮食文化也许会带来与健康相关的风险。在关于旅游风险的研究中，饮食安全是初到访某地的游客所关心的重点内容（Cui 等，2016）。由于食用不卫生的食物而感染疾病的可能性，使卫生成为游客较重视的饮食特征之一。其实早在 Cohen 和 Avieli 对在亚洲的观察表明，许多西方游客对食用外观"不卫生"的本地食品感到焦虑。

"在旅行的时候,我会挑那些看上去比较像样的餐厅,我不想因为吃不健康的食物而生病。"(I15)

但事实上,卫生对游客而言更多像是一个保健因素。没有干净卫生的饮食,旅游者会觉得不满意,但是确保饮食的干净卫生也并不能给游客带来更多的价值。在饮食的安全性方面,更要关注的是饮食的营养性。一些受访者表示,旅行期间他们仍然会挑那些觉得更健康和有营养的饮食:

"我平时在家吃得比较清淡,出门旅游饭店里面的菜都太油、口味太重了,我是没觉得有什么好吃的,我女儿他们年轻人喜欢吃。"(I13)

"我们这里主打的就是农家菜,游客可以吃当地食材做的午餐,食材都很新鲜,纯天然。蔬菜刚刚摘的,鸡是自由放养的。"(I8)

上述的表达,其实表明了受访者对于健康饮食的两个层次的看法。一方面是个体的健康饮食习惯。随着生活水平的提高和饮食知识的普及,越来越多的人接受了健康饮食的观念,更加注重饮食的营养质量。这从市面上层出不穷的健康饮食类书籍就可以窥见。从另一个方面来说,营养与新鲜、天然的食材联系起来,正如 Bessière 所说,对新鲜和天然食材的需求反映了对健康饮食的偏好。营养学研究表明,新鲜和天然食品比加工食品具有更高的营养价值。中国消费者对新鲜和天然食品的追求,也成为消费者到乡村旅游的重要动机。人们愿意前往乡村地区购买在城市不易获得的新鲜食材。游客愿意花费更多的代价购买高质量和无污染的食品,有机食品的普及证明了这一观点(Boniface,2003)。由于新鲜食材往往指的是本土生产的食品,不需要长时间的保存和长途运输,因此获得新鲜食物的最好方式就是到它的原产地旅行并购买。因此,新鲜和天然的食物是吸引游客前往乡村旅游的一个重要因素。

在营养的概念里,中国人认为"顺应四时,因季而食"。这一养生观念体现了中国哲学"天人合一"的思想。某些食材会在一年中的特定时间里收获,并形成时鲜美味,也就是食物的季节性。高峰时期市场上的商品通常处于最便宜、最新鲜的阶段。例如,大闸蟹的生长高峰期是秋季,所谓"湖田十月清霜堕,晚稻初香蟹如虎"。一位受访者就谈到了在大闸蟹上市的季节前往阳澄湖吃蟹的经历,非常难忘,评论说是:

"平生吃过最好的螃蟹。"(I7)

如果一个旅游目的地的主打食品是季节性的,那么这个目的地的访客量可能会呈现季节性变化。在收获季节,大量的游客蜂拥而入,对服务和环境容量产生较高的需求;而在非收获季节,就会出现无货可卖的局面,因此延长食材的销售季节性,开发再加工产品成为一件非常重要的事。

（5）消费场所

有趣的是，当受访者被问及令其印象深刻的饮食消费要素，发现他们并不仅仅聚焦于当地的饮食，还会考虑到与饮食场景相关的要素，如氛围、服务、装修、主题和知名度等。由于目的地的餐厅是接待游客用餐和享受当地饮食的主要场所，所以高质量的餐厅是目的地饮食体系中不可或缺的一部分。好的餐厅在很多时候可能就代表了当地的美食。由于旅游者在目的地逗留的时间有限，因此可选择和尝试的餐厅有限。代表性餐厅很可能会被游客选择，与此同时，代表性餐厅的水平可能也会被游客用来衡量整个旅游目的地的餐饮水平。当然，作为接待业的重要构成部分，关于餐厅的服务质量、满意度、体验等研究非常多。无论是居民视角、游客视角、管理者视角的探索都非常充分。有一些研究甚至将与餐厅服务质量相关的属性列为"非常喜欢"，比如停车场、菜单等。在关于饮食消费价值的探索中，更多关注的是较为普适的属性。

餐厅的服务具有生产和消费同一性，因此餐厅环境既是产品的一部分，也是消费的一部分，对消费者具有较为显著的影响。消费者会在餐厅环境中体验到全面的服务。餐厅的整体氛围和装饰都会极大地影响到消费者服务体验的看法。研究表明，物理环境会影响消费者对服务的满意度。餐厅环境包括整体氛围和装饰。一位旅游目的地美食产品推广者在提到该目的地正在推广的"一桌菜"计划时，强调：

"我们这个是农家菜，所以一定要在农户家里吃。我们也不打算在村子里造专门的餐厅，就是哪家农户的庭院漂亮，他又愿意拿出来的，我们就可以在他家搞一桌家宴。这才有农家菜的味道。"(I11)

对消费者而言，餐厅的氛围、装修通常能为餐厅的服务能力和质量提供线索。例如：

"我一般出门前都会在网上看好当地有哪些比较有名的店，如果是临时找，一般就看看装修和店里环境。"(I15)

而且对消费者而言，虽然好的装修让人觉得赏心悦目，品质高端，但有时候小店也自有乐趣：

"我就很喜欢大排档，像那种海边大排档，氛围很好，很放松。"(I6)

另外，随着体验经济的发展，主题化餐饮也成为一种发展的潮流和趋势。主题化餐饮往往会围绕某一特定的主题来营造就餐气氛，所有的菜品、服务、环境等会围绕这一主题核心进行打造，该主题成为刺激消费者产生消费行为的刺激物。其中一位旅游目的地美食产品推广者提到了之前他参与开发的一项产品：

"我们做的徽菜博物馆就很有特色，既是博物馆又是餐厅，完全是一种徽文化的呈现。"(I11)

当游客选择旅游目的地时,餐厅也许不会是主要的考虑因素,但一旦游客到达目的地后,在餐厅的消费将变得非常重要。游客在餐厅的体验会影响他们对整个旅程的满意度。知名餐厅可能会家喻户晓,甚至是闻名全国,如北京的全聚德、天津的狗不理、杭州的楼外楼。随着现代网络媒体的发展,不少餐厅成为"网红",在网络平台上享有一定的知名度和关注度,被人们所追捧(尹立杰和叔文博,2020)。由于游客在非惯常环境中存在着信息不对称的情况,当无法选择熟悉的餐厅时,选择有知名度的餐厅可以获得质量的保障。Zhang 等的一项实证研究表明,在食品质量、环境和服务评分相同的情况下,价格高的餐馆比价格低的餐馆更受欢迎,因为它们的品牌更受消费者的认可。另外,知名餐厅具有一种象征意义,在"网红"餐厅"打卡"意味着潮流时尚,在米其林餐厅用餐意味着身份与品位。所以,一位目的地美食产品推广者在谈起目的地饮食打造计划时强调:

"要打造几个'网红'的餐厅"。(I11)

服务是餐厅的重要构成,因为游客具有"优质时间"的要求。游客会认为在旅途中的时间是"不寻常的",是蕴含了深度的沉默成本,所以,要使假日时间过得与平时不同,提高假期的质量。而糟糕的服务很容易破坏旅行的乐趣:

"印象深刻的用餐? ⋯⋯可以是负面的吗? ⋯⋯有一次去一个地方旅行,到得有点晚,随便选了一家餐厅,服务员想下班不太欢迎我们,当时就想走了,正巧老板回来了,很热情接待我们。这件事情是不是很有趣?"(I4)

某种程度上,服务失败会比服务成功更容易被记住,这是因为消费者会认为花钱购买了服务,好的服务是理所当然的,也就是说好的服务未必会带来满意,但不好的服务一定会带来不满意。消费者会通过多种方式感知到失败的服务。Hoffman 等就餐饮业的服务失败进行了探索,认为服务失败主要包括有三种类型:第一类是员工对服务交付系统故障的反应,例如产品缺陷或库存不足,员工能否较好地处理,并向消费者进行解释;第二类是员工对消费者要求的反应,比如员工是否能够按消费者的要求烹饪食物;第三类是员工自主的行为,比如态度不当。由于消费者对饮食消费价值更多是消费中和消费后的评价,影响的是购后行为,因此服务也构成了重要的组成部分。

2.情感价值

情感价值体现的是游客对饮食消费价值总体心理认知。它并不完全等同于情绪等(Choe 和 Kim,2019)。《心理学大辞典》对"情感"的定义是:"情感是人对客观事物是否满足自己的需要而产生的态度体验。"情感注重的是对行为目标目的的生理评价反应,比如幸福、美感、喜爱等;而情绪是指对行为过程的生理评价反应,比如悲、喜、忧等。在访谈过程中,受访者提到的情感价值包括愉悦、美感、新奇、难忘、真实性等。

（1）愉悦

愉悦性是旅游的本质属性，正如谢彦君（2010）所说，如果用关键词加以概括，足以凸显出旅游的共性：体验（美好的印象和愉悦的感受）；异地（总是到离开常住地的地方）。旅游活动能够催生旅游者的愉悦情感（张高军和吴晋峰，2016）。在一家好餐厅用餐会因为营养可口的食物、氛围、价值和情绪满意的综合感知而形成愉悦感。

"我就是喜欢那种感觉，在一家精致的餐厅里用餐，感觉很幸福、很享受。"(I6)

在某种程度上，愉悦感是游客想要从旅行中得到的最终收获，决定了游客对旅行的评价。

（2）美感

美感其实代表的是一种审美体验，它是指产品满足消费者一种或多种感官体验的能力。这种体验涉及消费者在与产品进行身体互动时的感官鉴赏力。具体来说，食物的审美体验来自视觉、嗅觉、味觉、听觉和触觉，是因为感官刺激而形成的整体情感价值认知。正如前文所述，食品的品质可以用色、香、味来表达，如果色、香、味达到一定的层次，那么就不仅仅是一种品质，而是达到了一种审美享受的高度。虽然受访者没有直接使用"审美体验"这个词，但一些说法体现了他们对饮食消费的审美诉求：

"我们要做的一桌菜，不仅菜要好吃，而且要有农家土菜的感觉，我们已经开始设计菜碗，这个碗也要符合我们的风格，消费者到这里就是要吃'土'"。(I9)

在谈到中国饮食文化的审美情趣和审美意蕴时，研究者都提到所谓美是蕴含在美食、美器、美味和美景等各个维度之中，是把美寄托于有形物体之上，形成的一种饮食文化境界，能使消费者产生深刻体验。

（3）新奇

旅行中的食物消费可以看作是一个人日常饮食体验的延伸。即使度假期间，游客的习惯身体通常也会保留他们的基本信仰、举止和饮食习惯。旅游体验造成习惯身体和当前身体的冲突。游客既承载着日常世界已然形成的习惯，也渴望非惯常世界里的满足与表达。所以游客可能会暂时跨出他们的舒适区，通过追求新奇的食物来丰富他们的体验。这种追求体现了游客的求新动机，而求新（Novelty Seeking）被认为是旅游的一个重要动机。这一观点在不少受访者的评论中得到了体现：

"吃没有吃过的食物是旅行的乐趣之一。"(I4)

"我总是想去一些新的地方，尝新的食物。这是我的人生哲学。"(I5)

（4）难忘

品尝地方美食的经历可以转化为旅游者在旅行后的美好回忆和难忘记忆。之前的研究表明,用餐体验可以分为普通、超常和难忘。据此,Tsaur 和 Lo 提出了难忘就餐体验的量表,并指出消费者在精致餐厅中的难忘体验来源于优质服务行为、精致可口的食物、令人惊叹的就餐环境、独特的氛围和高度的感知价值。

"我印象最深刻的一次旅游用餐是很久以前的事了,20 世纪 80 年代第一次去上海旅行,到豫园吃上海菜,真的是好吃啊。40 年没有忘记过。"(I2)

如果目的地的餐饮体验令人难忘,这将显著提高旅行的整体质量,形成最佳的旅行经历,这对于消费者的重游和传播意愿会产生比较重要的影响。

（5）真实性

真实性是当地美食的一个重要特征。美食起源地所生产的产品通常被认为是正宗的,也就是真实感。因为在发源地以外的地方,食物的味道可能会根据当地人的饮食习惯而进行调整。Wu 认为,中国菜在向海外传播的过程中,受到当地创新、修改和调适的影响。各地方菜在国内的传播亦是如此,在大多数情况下,广东地区做的川菜比四川地区做的川菜会更清淡一些,因为广东人不习惯吃辣。同理,西式快餐在进军中国市场时也做了适应性的调整。即便美食的生产者尽量去保持食物的真实性,但由于食材、原料等的限制,也很难保持原汁原味。这种传播过程中的变化,其实能够被消费者感知到,也成为驱使游客期望在目的地能品尝到所谓的地道美食的动力,即便未必喜欢和习惯。

"去到哪个地方,肯定要尝尝当地最正宗的美食啊……喜不喜欢没有关系啊,关键是尝尝,看看有什么不一样。"(I1)

对游客而言,很难评价什么是正宗、地道的地方美食。在流动性的背景下,饮食在日常环境中的再生产难以形成客观真实性(曾国军和王龙杰,2018),也就意味着没有能够形成一个对比的标杆。进入非惯常环境中,游客由于缺乏评判的标准,很难直接从食物的品质回答是否正宗,只能通过间接的线索进行评判,比如所去的餐厅是否具有"正宗"的名号、菜的呈现是否符合从各种媒介获得的先验知识、同行人员和同餐厅顾客的评价等。虽然对菜的真实性很难评定,但受访者的说法仍证明真实性的重要性。另外,游客对真实性的需求也会有所不同,部分游客所谓的正宗强调原始配方和烹饪技巧;而部分游客只需要一个舞台性真实,因此一些专门为游客服务的餐饮场所倾向于将当地口味的选择权交给游客,比如,川菜馆可以提供从微辣、中辣到重辣不等的辣度,游客可以根据自己的喜好进行选择。

真实性从某种程度上说也意味着传统。传统通常要被证明沿袭了至少一代人的时间(至少为 25 年)。历史上,传统食物在不同地区发挥了重要作用,往往代表着当地的文化。不过,作为一种活的文化,传统食物会随着社会的发展而变化,特别是在现代社会中,地方菜系越来越受到外部的影响,与其他菜肴之间交叉融合。尽管地方菜肴的创新是不可避免的,但是游客仍然更喜欢传统食物,因为传统食物象征着当地的文化。

"传统食物代表着当地的文化,我们要挖掘和开发这里的传统食物,还要用最传统的方式去做。"(I10)

3. 文化价值

(1) 饮食文化呈现

当地美食不仅仅是为了满足游客的体验乐趣或满足游客的生理需求,也是游客体验当地文化的一种方式,因为美食被视作当地文化的象征。正如 MacClancy 所评论的:"地球上没有任何一种食物可以被地球上的每一个人消费。我们吃什么,何时何地吃,都取决于文化。"消费当地美食是游客接触当地文化的一种方式,正如一位受访者所说:

"通过吃其实可以感受目的地的文化。食物就是当地文化。"(I1)

饮食方式在人类文化中的中心地位已然得到公认,对一个地方来说,饮食及与之相关的礼仪和风俗,体现了人与人之间的关系、人与神之间的互动。因此,体验当地美食可成为游客融入当地文化的一种更有效的途径,即便只是短暂体验。关于美食的文化可以用多种方式加以呈现,比如菜名、主题宴席等。

中国菜具有深厚的文化底蕴。比起西餐的直截了当,习惯以原料、外观或烹饪方法命名菜肴,中国菜的菜名蕴含了更多的文化意象,倾向于用隐喻的名字来表达菜肴的文化内涵。比如,富有诗意的"金镶白玉板,红嘴绿鹦哥",指的是菠菜烧豆腐;又如"霸王别姬"的菜名给食客们创造了一个生动的场景。这一菜名不仅使用了"霸王—王八(甲鱼)""姬—鸡"的同音字,而且把菜和项羽、虞姬的历史典故相联系,非常生动、有意蕴。一位美食产品开发者提到自己对所设计美食产品的设想:

"我们这一桌菜要给每道菜设计一个吉祥好听的名字,节假日的时候特别喜庆。"(I10)

食物名字对消费者食欲的影响是有研究数据支撑的。研究表明,如果一种食物名称与怀旧感(如奶奶最喜欢的甜饼)、一个地区(如正宗内蒙古羊肉)或感官描述(如 Q 弹的软糖)相联系,那么这些食品会让消费者感觉味道更好。一个富有想象力的菜名可以激发游客的好奇心,一个有文化内涵的菜名可以为菜肴添加风味。

宴席比起单一的菜品具有更丰富的空间去展示文化。自汉唐以来,中国历代名宴可谓丰富多彩,如汉魏六朝的"折梁宴""钩台宴",唐宋的"烧尾宴""琼林宴",明清的"八珍宴""千叟宴""满汉宴"等,是中国古代"礼"的重要组成部分。在个性化消费的背景下,具有文化内涵的宴席成为提升餐饮企业的盈利能力、刺激餐饮消费的利器(吴雄昌,2021)。特定的主题意境,融入事件、环境、人物等,会将消费者带入一种有意义的文化活动中,形成深刻体验价值。一位受访者提到了她体验过的"唐诗宴":

"那个'唐诗宴'还是让我印象蛮深刻的,每道菜都是用唐诗来命名的,都很有意境,菜单本身又是一份书签,挺特别的。"(I7)

影视作品对饮食文化的呈现具有巨大的影响作用。早年韩国文化流行的时候一部电视剧《大长今》让传统的韩国料理广受中国消费者的欢迎,韩国旅游组织借机宣传韩国饮食文化以及韩国。2017 年,现象级的饮食纪录片《舌尖上的中国》开播,掀起了一股饮食纪录片的热潮,在一定程度上带动了消费者前往目的地旅行。2019 年电视剧《长安十二时辰》中无意识植入的西安美食,也同样受到了观剧者和网民的追捧。媒体宣传是吸引游客的有效工具,特别是在信息时代,通过各种媒体而形成知名度的美食层出不穷,当美食与故事情境相联系,通过媒体的多角度展示,能刺激消费欲望,提升消费体验。

(2) 饮食文化内涵

在享用美食的过程中,隐藏在美食背后的故事和文化,往往会增加美食的吸引力,所以为菜肴创作故事成为一种流行的营销方式。比如,"炭鸭"这道菜开发于 1998 年,经营者却创作了一个追溯到一千年前宋代的故事,期望能够增加这道菜的历史内涵,而产生长久流传的美食必然好吃的印象。自古以来,不少知名菜肴的背后都有美丽动人的故事,或近乎传说,如"过桥米线""宋嫂鱼羹""夫妻肺片";或有据可考,如"宫保鸡丁""东坡肉""锅包肉",都为食用者带来了难忘的体验(Mason 和 Mahony,2007)。

"我们这里的面条生产有几百年的历史了,现在这个面在宣传上只是讲怎么好吃,以后还要讲讲故事,增加吸引力。"(I8)

故事与传说能够传承美食的传统,提升美食的辨识度和品鉴的趣味性。若美食能与名人相联系,则会增加美食的文化竞争力。著名作家李玉堂(1936)曾说,中国文人以其文学作品中的"吃"为荣。确实,中国文人并不避讳"好吃"一事,《随园食单》《醒园录》和《饮膳正要》等中国古代知名饮食著作皆出自文人之手。苏轼就是其中的代表人物,所作的《猪肉颂》将一件烧猪肉的庖厨之事写得生动而有趣。且其中两句"待他自熟莫催他,火候足时他自美",又在生活中透出一种兢兢业业的精神,难免让人在吃"东坡肉"时心生感慨。如今,"东坡肉"已成为杭州、黄州名菜,成为两地饮食文化的重要组成部分。古代好写饮食的文人除了苏轼,还有陆游、杜甫、郑板桥、杜牧等,而近现代的梁实秋、汪曾祺、唐鲁孙等都喜欢谈吃。这主要还是因为文人闲暇时间较多,有一定的社会地位,掌握文化资源,容易把感想变成文字(白文杰,2005)。有了文人背书的餐厅往往会受到食客们的追捧,比如有一位受访者提到了"蔡澜港式点心",表示:

"自己特意去上海这家店,因为喜欢读蔡澜的书,虽然也没有想象中好吃,但还是觉得挺值。"(I12)

美食的背后蕴含着深刻的知识,不少美食,如葡萄酒、咖啡、面包等,已经发展成为专门的课程,甚至有专业学位。研究表明,具备一定葡萄酒知识的游客更愿意参加葡萄酒旅游,也更容易成为回头客。在饮食消费中,获得知识会增加饮食的额外价值。比如,一位受访者讲到了自己在青田的经历:

"没想到青田有这么好的进口货,那个西班牙火腿,哈蒙,很正宗。而且听他们介绍切火腿有专门的侍肉师,真是长知识。"(I15)

不少美食已然成为一种文化象征和符号,了解美食背后的知识,不仅体现了对生活的热爱和对品质的追求,也为餐桌交往增加了许多话题。

4. 体验价值

(1) 参与式活动

饮食习惯和仪式感是饮食文化中不可或缺的一部分。有些饮食礼仪,如共餐,早已成为大多数中国人的日常习惯。但有些场合也存在着特定的饮食习俗,形成了独特的饮食仪式感。比如,在少数民族地区、农村地区保留的祭祀、年节、婚丧嫁娶中的饮食习俗和由此衍生形成的活动,都能让消费者形成独特的参与体验。例如,每年十月,在云南红河哈尼族彝族自治州红河南岸的哈尼族聚居区举办的"长街宴"就接待了众多国内外游客。它已成为当地的主要景点之一。礼仪和独特的饮食风俗可以形成一个地区独特的旅游产品。一位受访者分享了他在云南体验"长街宴"的难忘经历,展示了独特的仪式在体验当地美食中的重要性:

"有一年我去参加哈尼族那个'长街宴',导游告诉我们要先从那个'神位'席那里喝一口圣水,然后从'龙头'席沿街吃到'龙尾',蛮有趣的。"(I1)

除了充满仪式感的参与,还有的参与是以活动为导向的。特别是在价值共创的理念之下,消费者介入美食的生产和制作过程,会形成难忘的参与体验。有一位受访者提到了自己体验在稻田里面抓鱼的活动:

"那天我们先是从稻田里面把鱼抓出来,然后又自己搞了一个柴灶烧,小朋友们都很开心……我知道这些鱼都是外面买来临时放养的,也没什么关系,就是图个开心。"(I7)

Li 等曾经将体验式活动分为顾客参与、顾客学习和顾客娱乐。其中,全程融入和参与的顾客参与方式对消费者的影响是最深的,而单向输出的顾客学习和顾客娱乐的影响要浅一些。因此,增加参与性活动成为美食产品开发的重要附加内容,一位美食产品开发者就提出自己的设想:

"让消费者到地里先割蔬菜,然后再吃。"(I9)

有的时候,有些活动可能是单向的,是表演性质的,但也能起到提升体验的作用。比如,有些餐厅在进餐时表演唱歌、跳舞、魔术等。在竞争激烈的行业中,餐厅必须形成有特色的服务以提升消费者的忠诚度。提供娱乐是餐厅为消费者创造难忘就餐体验的方法之一。而与本地消费者相比,游客在用餐时更喜欢观看或参与表演,这一观点在一位受访者的分享中得到了体现:

"我前段时间去了杭州一家越剧餐厅,菜味道不错,也很有格调,还有越剧演出,听说很多上海人都周末订位子来吃。"(I1)

游客在餐厅就餐时,会寻求除菜品以往的额外价值。如果一家餐馆在用餐期间提供有特色的表演,游客会把这些作为餐厅的增值服务。例如,北京烤鸭店的烤鸭切片、餐厅现做的拉面、透明和开放式的后厨,这既是展示食物制作的过程,又是表演,增加了就餐的趣味性,能促进消费者对餐厅的积极评价。

(2)消费的环境

正如 Carli 等所提出的,体验价值包含消费者与消费情境之间的关联程度。广义而言,情境是在特定的时间和地点所能观察到的,在个人和刺激物之外,对当前行为产生影响的系统性因素。在这里,消费的环境更多聚焦于消费场所与外界环境的联结,以及消费者与消费场所之间的联结。比如,禅茶必然要坐落在名山大寺中;景区中的餐饮场所不仅卖餐饮,更是卖风景。此时消费者将餐厅周边环境与餐厅相联系,将对周边环境的欣赏移情到餐厅上,又把在餐厅的体验投射到周边环境,形成了人与餐厅和周边环境的联结。正如一位受访的美食产品开发者提到自己的产品时,指出:

"我们村子有山有水,环境很好的,适合周末度假吃饭休闲"。(I9)

在以上这句话中可以体会到,吃饭是度假休闲的一部分,是环境的一部分,它们互相成就。

5.社会价值

(1)人际价值

研究表明,比起期望,旅游者的满意度主要受在场体验阶段、产品和人际互动的影响。这里的人际互动包含三个层次,即游客与游客间的互动、游客与服务人员的互动,以及游客和当地人之间的互动。游客与服务人员之间的互动是构成游客体验的重要因素之一,服务人员如果能够让消费者感觉到宾至如归、沟通顺畅、交往愉快、对消费者的需求能快速反应、提供正确高效的信息,会显著提升消费者的体验。在用餐情境中,游客与服务人员的互动除了上述的目的,还可能具有交流和传播饮食文化的功能。比如,在日式料理店,和主厨的交流是其重要的卖点,能够为游客带来独特的体验,而且这一形式在美国、日本、法国都被证明是非常受欢迎的。另外,在一项对独自在餐厅就餐消费者的调查显示,服务人员的友好、专业和能力会让独自就餐者感到舒适(Choi 等,2020)。一位受访的美食产品推广者提出:

"农家的厨娘可能服务不行,还是要对他们做一些基本的培训。"(I10)

不同于日常消费场景,旅游者还会出现与当地人互动的情境,也就是主客互动。主客互动是指东道主与游客接触时所具有的各种行为现象与关系的总和(王建芹,2018)。旅游者与本地居民之间的交往,不仅会影响游客对旅游目的地的满意度,也会影响到游客的支付意愿(Bimonte 和 Punzo,2016)。特别是当美食产品以一种活动的形式出现时,当地人在其中扮演的角色就变得更为重要。比如,哈尼族"长街宴"中坐在首席里的咪谷要吟唱哈尼族传统歌谣,以传承和延续本民族的历史、道德伦理和礼仪习俗。可想而知,没有了当地人参与的"长街宴",将只留下空壳,因此,有受访者说:

"和当地人一起吃长街宴,不分彼此,很特别。"(I1)

Crompton 提出由于游客和东道主之间缺乏共性,双方之间的交流存在着一定的困难,游客更有可能和其他的游客产生互动。游客间互动会强烈地影响游客的体验,而且间接接触比直接接触的影响更强烈。游客间的互动可能是价值共创也可能是价值共毁(Han 等,2021)。当游客间所具有的是负面的互动体验时,会对游客的旅游价值和记忆产生负面影响,反之亦然(Adam 等,2020)。一位受访者谈到自己在泰国公主邮轮上的经历:

"那种场合,所有人都在和'人妖'喝酒、跳舞、合影,你也会觉得就放开玩呗。"(I3)

（2）身份价值

饮食消费有的时候是一种身份象征。日常的饮食会构建个人的身份(Identify)。"吃什么决定了我是谁",饮食行为模式成为人类符号系统中的重要组成部分。研究表明,母亲会通过选择家庭食物来彰显自己的身份认同(Johnson 等,2011)。外来饮食文化的涌入会引发当地人对身份建构的危机感。但在旅游情境中,游客只是短时间来到一个目的地,并不会期望通过同化、融入而获得身份认同,更多的时候停留在接受、认可的程度。在这种情境下,消费者的饮食消费可能更多的是对自我的一种表达,希望能以此塑造自我形象,比如在泰国街头吃虫子,以表明自己的勇敢。有一名受访者(I2)非常具有代表性,他举例了多个自己在世界各地品尝当地特色、独有食物的经历,以彰显自己旅行经历丰富,敢于尝试新事物。

早在中世纪的欧洲,贵族与骑士们就以肉食盛宴、耀眼美食和惊异表演来炫耀自己的权力和威望(丁洁雯,2016)。民国时期,精英阶层的宴饮规格成为炫耀性消费的重要构成。自媒体时代,信息分享平台成为炫耀性饮食消费的新工具(赵永青和赵静,2021)。而游客通过这种消费方式可以获得社会地位的展示、融入特定的社会群体、也会促进自我概念或者是自尊的提升(翁秋妹和陈章旺,2014)。

6. 道德价值

(1) 利他性

一方面,游客的饮食消费在一定程度上具有带动整个从"田间地头到餐桌"的食品产业链的效果。饮食消费对旅游目的地可能的经济贡献已经得到了研究的认可。而且在实践中也被旅游目的地的美食产品开发者意识到,并运用到实践中,比如:

"我们的一桌菜不仅仅是一桌菜,如果当地老百姓特别会种菜的,他也可以种菜提供给厨房。"(I10)

消费者也从自己的角度表达了这一思想:

"旅行时,一般不会去吃麦当劳这种,就是要吃当地的食物,有钱给当地老百姓挣。"(I5)

由此可见,部分消费者已经具有了一种利他的自觉,觉得消费当地社区的产品会产生双赢的结果。

另一方面,正面的体验也会让旅游者产生传播和分享当地饮食文化的想法。比如一位年轻的受访者就表示:

"会把旅行中比较特别的饮食体验拍下来分享。"(I4)

新媒体时代,旅游攻略类美食短视频具有聚焦市井食物、展示城市多元面貌、以视听符号塑造场景化美食文化、直白叙事构建想象空间的特点(邓瑞琦,2021)。这种自发的美食文化传播,为视听者提供了沉浸式体验,实现了当地优秀文化隐形传播(吴雨星和陈桂蓉,2020),也到达了城市宣传的目的。

(2) 负责任

超越温饱的饮食观念反映了人类对远古时代饥饿的记忆。如今消费端的食物浪费现象已成为全球问题,引起了各国的关注(张丹等,2016;Schanes 等,2018)。旅游者造成食物浪费主要是受到三个方面的影响:一是信息不对称,由于对当地餐厅菜量和口味的认识不清晰而导致的浪费;二是旅行途中,由于缺乏餐厨设施,造成了无法通过打包食物减少浪费的可能性;三是旅游者期望在有限逗留时间内品尝更多的当地美食,这种求全心理会导致一定程度的浪费(张盼盼等,2018)。部分游客具有更高的社会责任感,注意避免食物的浪费。

"很多时候是'眼大肚小',点多了吃不下太可惜,现在我基本上也不会点太多,怕浪费了。"(I6)

随着多项干预措施的实施,避免食物浪费渐渐成为共识,有助于道德价值的形成。

3.4　研究二:旅游中饮食消费价值词汇量表编制

3.4.1　研究目的

根据阅读、整理文献以及研究三种一级编码结果,初步得到了包含 46 个词汇的旅游中饮食消费价值词汇量表。以下子研究的研究目的在于基于此词汇量表,探索旅游中饮食消费价值的下属子维度,构建出信度和效度良好的旅游中饮食消费价值词汇量表。

3.4.2　研究程序

首先,通过问卷星网络调查平台进行问卷发放和回收,以此获得研究数据。问卷内容包括人口统计特征调查和 46 个饮食消费价值测项。问卷采用李克特 5 分量表,要求被试者按照自己的主观想法和感觉对这些词汇在旅游中饮食消费价值的重要性程度进行评定,由 1 分代表"非常不重要"到 5 分代表"非常重要"。在收回的问卷中,剔除作答速度过快或过慢和作答规律性明显的问卷后,共获得 624 份有效问卷。然后将其分为两组样本:一组样本(310 份)用于探索性因子分析,另一组(314 份)用于验证性因子分析。

其次,采用 SPSS 23.0 对样本一($N=310$,男性 146 名,女性 164 名,年龄 14—68 岁,$M=26.87$,$SD=9.97$)进行项目分析和探索性因子分析,删除指标结果不佳和模型拟合不好的测项,最终形成包含 21 个词汇的旅游中饮食消费价值词汇量表,同时初步构建出旅游中饮食消费价值的结构维度。

最后,采用 AMOS 20.0 对样本二($N=314$,男性 146 名,女性 168 名,年龄

12—88 岁,M＝24.72,SD＝8.87)进行验证性因子分析,并采用 SPSS 23.0 进行一致性信度分析,对构建出的饮食消费价值结构维度进行检验,形成最终的旅游中饮食消费价值量表。

3.4.3 研究结果

1. 项目分析

研究将 Cronbach's α 系数作为项目信度检验的指标,分析结果显示(见表 3-4),问卷整体的 Cronbach's α 系数为 0.962,表明该问卷的数据结果具有较好的一致性。在构成维度上,因子 F1—F5 的 Cronbach's α 系数都满足大于 0.7 的标准,因子 F6 的 Cronbach's α 系数为 0.681,小于 0.7,因此删除"搭配丰富"和"做法丰富"两个项目。

此外,各维度内的测项皮尔逊相关系数在 0.434—0.800,均大于 0.4。再按照量表总分降序排列,将被试分为高分组(前 25％,共 78 份)和低分组(后 25％,共78 份)。两组各测项均值差的绝对值均大于 0.5,符合显著性标准。问卷中各项目的鉴别能力和皮尔逊相关系数均符合标准,因此不进行项目删除。

2. 探索性因子分析

对包含 46 个词汇的旅游中饮食消费价值词汇量表进行分析,KMO 度量值为0.921,满足大于 0.8 的标准。Bartlett 球形检验结果为 χ^2 值为 8495.846,df 值为990,P 值为 0.000,小于 0.001,通过显著水平为 0.1％的显著性检验。综合而言,对该量表数据进行因子分析具有可行性。

研究采用主成分分析法和最优斜交转轴法对 46 个项目进行因子分析。结果显示,初始特征值大于 1 的因子共有 4 个,累计解释方差变异为 65.816％。按照每次只删除一个项目后再次进行探索性因子分析的原则,先删除在所有因子上载荷都小于 0.5 的项目,再删除跨因子载荷最大的项目,多次循环过后,最终确定保留 21 个项目。再次对保留的 21 个项目进行探索性因子分析,结果显示,特征值大于 1 的因子共有 5 个。碎石图显示,在第五个因子后折线趋于平缓,说明这 21 个项目提取出 5个公因子比较合适。5 个公因子的累计解释方差变异达到70.978％,各项目的因子载荷均在 0.676—0.920。具体的因子载荷如表 3-5 所示。

根据旋转成分矩阵可以判断各个项目的因子归属。其中,游客间互动、游客与表演者互动、游客与当地人互动、提升声誉、体现面子、象征意义、美食表演以及参与制作 8 个项目属于因子 F1,其因子载荷均大于 0.7;弘扬文化、发展经济、传

播知识及节约食物 4 个项目属于因子 F2,其因子载荷均大于 0.7;愉悦、用餐环境
及饮食味道 3 个项目属于因子 F3,其因子载荷均大于 0.6;营养、绿色及当季而食
3 个项目属于因子 F4,其因子载荷均大于 0.7;而传统、正宗和内涵丰富属于因子
F5,其因子载荷值均大于 0.7。通过阅读文献和概念理解,用餐环境和饮食味道都
属于饮食的外显功能价值,而愉悦不属于饮食的外显功能价值,所以将此项目删
除,最终剩余 20 个项目,并由此形成五因子模型 1。

表 3-4　问卷信度分析

维度	项目	N	Cronbach's α 系数	
因子 F1	游客间互动	8	0.937	
	游客与表演者互动			
	游客与当地人互动			
	提升声誉			
	体现面子			
	象征意义			
	美食表演			
	参与制作			
因子 F2	弘扬文化	4	0.87	0.962
	传播知识			
	发展经济			
	节约食物			
因子 F3	愉悦	3	0.773	
	用餐环境			
	饮食味道			
因子 F4	营养	3	0.783	
	绿色			
	当季而食			
因子 F5	传统	3	0.748	
	正宗			
	内涵丰富			
因子 F6	搭配丰富	2	0.681	
	做法丰富			

表 3-5 旅游中饮食消费价值词汇量表的五因子结构表

项 目	因子 F1	因子 F2	因子 F3	因子 F4	因子 F5
美食表演	0.905				
游客间互动	0.896				
游客与表演者互动	0.889				
游客与当地人互动	0.846				
参与制作	0.819				
提升声誉	0.768				
体现面子	0.762				
象征意义	0.744				
弘扬文化		0.886			
发展经济		0.859			
传播知识		0.846			
节约食物		0.737			
愉悦			0.920		
用餐环境			0.782		
饮食味道			0.676		
营养				0.862	
绿色				0.848	
当季而食				0.744	
传统					0.854
正宗					0.789
内涵丰富					0.729
特征值	7.319	4.062	1.313	1.193	1.019
贡献率/(%)	34.852	19.343	6.252	5.680	4.852
累计贡献率/(%)	34.852	54.195	60.446	66.126	70.978

3. 验证性因子分析

研究采用 AMOS 20.0 对五因子模型 1 进行验证性因子分析。分析结果显示,该模型的 χ^2/df 为 2.408(<3),适配理想;RMSEA 为 0.067,说明在 90% 的置信度下近似误差是合理的;此外,IFI、TLI、CFI 的值分别为 0.934、0.921、0.933,均大于 0.9,说明结果适配良好。综合来看,该五因子模型 1 总体上拟合良好。

　　虽然该五因子模型 1 拟合度良好,但该模型是否为最优模型结构,仍需要进一步验证。基于已有文献,可以发现因子 F1 中既包含社会方面的价值也包含体验方面的价值,可以考虑将因子 F1 中的项目再进行分类。其中,游客间互动、游客与当地人互动、提升声誉、体现面子及象征意义 5 个项目归于一个因子,并命名为"社会价值";游客与表演者互动、美食表演及参与制作归于一个因子,命名为"体验价值"。在概念理解和文献支撑的基础上,将因子 F2 命名为"道德价值",将因子 F3 命名为"外显功能价值",将因子 F4 命名为"内隐功能价值",将因子 F5 命名为"文化价值"。其中,外显功能价值和内隐功能价值都属于饮食的功能价值,可以考虑将二者合并为一个维度,命名为"功能价值"。这样就形成了由社会价值、体验价值、道德价值、外显功能价值、内隐功能价值、文化价值构成的六因子模型,由社会价值、体验价值、道德价值、功能价值、文化价值构成的五因子模型 2,以及由因子 F1、道德价值、功能价值、文化价值构成的四因子模型。依次对六因子模型、五因子模型 2 和四因子模型进行探索性因子分析,分析结果如表 3-6 所示。

表 3-6　旅游中饮食消费价值各模型拟合指标比较表

序号	模型	χ^2	df	χ^2/df	IFI	TLI	CFI	RMSEA	模型比较	$\Delta\chi^2$	Δdf
1	六因子模型	411.137	174.000	2.363	0.938	0.924	0.937	0.066			
2	五因子模型 1	431.097	179.000	2.408	0.934	0.921	0.933	0.067	2 vs 1	19.96**	5
3	五因子模型 2	509.257	179.000	2.845	0.913	0.897	0.912	0.077	3 vs 1	98.12***	5
4	四因子模型	528.980	183.000	2.891	0.909	0.894	0.908	0.078	4 vs 1	117.843***	9
5	三因子模型	602.835	186.000	3.241	0.890	0.875	0.889	0.085	5 vs 1	191.698***	12
6	二因子模型	850.038	188.000	4.521	0.825	0.803	0.824	0.106	6 vs 1	438.901***	14
7	单因子模型	1678.608	189.000	8.882	0.606	0.560	0.604	0.159	7 vs 1	1267.471***	15

注释:** 代表 P 值小于 0.01,*** 代表 P 值小于 0.001;

五因子模型 1:F1,F2,F3,F4,F5;五因子模型 2:社会价值,体验价值,F2,F3+F4,F5;四因子模型:F1,F2,F3+F4,F5;三因子模型:F1,F2,F3+F4+F5;二因子模型:F1,F2+F3+F4+F5;单因子模型:F1+F2+F3+F4+F5。

　　由分析结果可知,与由社会价值、体验价值、道德价值、外显功能价值、内隐功能价值、文化价值构成的六因子模型相比,其他模型的拟合指标均变差,并且均通过了显著水平为 0.01 的显著性检验,说明六因子模型的区分效度良好。综合考虑,六因子模型拟合指标表现最好,是更为优质的模型。具体的模型结构如图 3-3 所示。

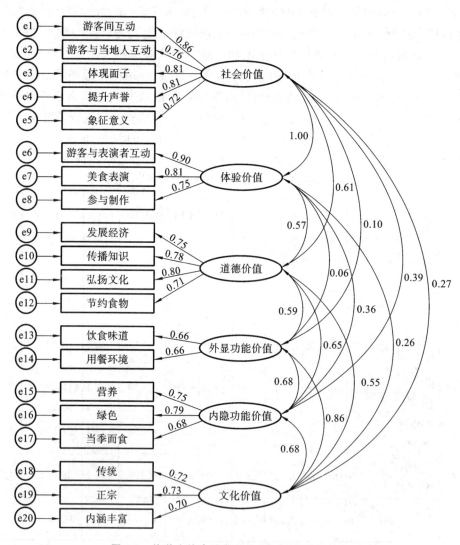

图 3-3　旅游中饮食消费价值的六因子模型结构

　　研究进一步检验了六因子模型的聚合效度,结果显示(见表 3-7),社会价值、体验价值、道德价值、外显功能价值、内隐功能价值、文化价值六个因子对应的大多数项目的因子载荷都大于 0.7,其余的几个也大于 0.6,说明各个因子对其所属的项目具有很高的代表性。此外,大部分因子的 AVE 都大于 0.5,大部分因子的组合信度 CR 都大于 0.7,只有外显功能价值的 AVE 为 0.438,组合信度 CR 为 0.609(>0.6),在可接受范围内。综合来看,各个因子与其构成项目之间的从属关系较好,模型的聚合效度理想。

表 3-7　六因子模型的聚合效度检验

路　径			Estimate	AVE	CR
游客间互动	←	社会价值	0.858		
游客与当地人互动	←	社会价值	0.762		
体现面子	←	社会价值	0.810	0.629	0.894
提升声誉	←	社会价值	0.808		
象征意义	←	社会价值	0.721		
游客与表演者互动	←	体验价值	0.900		
美食表演	←	体验价值	0.812	0.678	0.863
参与制作	←	体验价值	0.751		
发展经济	←	道德价值	0.749		
传播知识	←	道德价值	0.775		
弘扬文化	←	道德价值	0.796	0.577	0.845
节约食物	←	道德价值	0.715		
饮食味道	←	外显功能价值	0.662		
用餐环境	←	外显功能价值	0.662	0.438	0.609
营养	←	内隐功能价值	0.750		
绿色	←	内隐功能价值	0.791	0.551	0.786
当季而食	←	内隐功能价值	0.681		
传统	←	文化价值	0.718		
正宗	←	文化价值	0.726	0.513	0.759
内涵丰富	←	文化价值	0.704		

虽然上述分析表明包含六个因子的旅游中饮食消费价值词汇量表效度良好,但关于饮食消费价值的词汇内容广泛、表达抽象,这可能造成理解上的偏差。所以,接下来在词汇量表的基础上构建旅游情境,将饮食消费价值词汇转换为旅游情境下的语句描述,拓展为旅游中饮食消费价值自陈量表,进一步验证和确定饮食消费价值的内在结构。

3.5 研究三:旅游中饮食消费价值自量陈表编制

3.5.1 研究目的

在研究一和研究二的基础上,编制饮食消费价值语义量表,继续探索和验证旅游中饮食消费价值结构。

3.5.2 研究方法

1. 被试

通过在网络平台招募,剔除答题速度过快或过慢、选择统一选项或随机有规律作答等不合格问卷,共计回收 818 份有效问卷。按照学者的普遍做法,运用SPSS 25.0 软件将有效数据随机分成两个样本,分别做探索性因子分析和验证性因子分析及信效度检验。

样本一:探索性因子分析。样本数量 404 份,其中男性 190 名,女性 214 名,年龄 19—40 岁(M=29.50,SD=6.286)。

样本二:验证性因子分析及信效度检验。样本数量 414 份,其中男性 230 名,女性 184 名,年龄 19—40 岁(M=29.44,SD=6.268)。

2. 研究程序

首先,编制初测饮食消费价值自陈量表,步骤如下。

①在查阅美食旅游及感知价值等文献的基础上,归纳梳理出相关的国内外成熟量表。

②基于上述研究所确定的饮食消费价值词汇量表,将词汇进行情境扩展。

③对前期开放调查中收集的被试对于高/低消费价值者的典型描述进行整理汇总。结合这三方面的内容,由 2 位研究者、7 位硕士研究生初步编制反映美食价值的自述题项池。

④题项池编制完成后,再对所有项目进行评判筛选,筛选原则首先要阅读流畅,便于理解,然后合并相似的表达,删减比较另类的或者不具有普适性的表达。

⑤挑选能很好反映饮食消费价值的项目,保留存疑的项目,初步编制美食价值自陈量表题目。

⑥由研究者和 1 位美食旅游领域专家基于美食旅游的理论模型进行删减合并,最终保留 33 条描述,形成初测饮食消费价值自陈量表。

然后,对样本一进行测试,要求被试从 1—5 评定这些表述符合自己态度和想法的程度(1=非常不符合,5=非常符合)。采用 SPSS 25.0 进行项目分析和探索性因子分析,对指标不好或模型拟合不佳的项目进行删减,最终保留 23 条描述。

最后,检验饮食消费价值自陈量表,校标工具采用表示游客的当地饮食消费价值量表(Choe 和 Kim,2018)、影响目的地饮食消费问卷、游客感知价值量表(Jamal 等,2011)、旅游目的地品牌个性量表(程励等,2018)、游客间互动分量表(陈晖等,2017)、泼水节感知价值量表。对样本二进行测试,采用 AMOS 23.0 进行验证性因子分析,采用 SPSS 25.0 进行一致性信度分析,再次验证消费价值的心理结构,确定饮食消费价值自陈量表。

3.5.3　研究成果

1. 项目分析

根据 Nunally(1978)的研究结论,使用修正后的项目与总计相关性(CITC 值)和删除项后的 Cronbach's α 系数测量。项目结果发现,T4、T6、T8、T11、T16、T18、T24、T26、T29、T32,共计 10 个项目的修正后的项目与总计相关性相对较低,故剔除。

2. 探索性因子分析

对初测饮食消费价值自陈量表进行分析。KMO 值为 0.993,Bartlett 球形检验结果显著($\chi^2=20059.264$,df=528,$P<0.001$),表明该量表的项目适合做探索性因子分析。在研究二的基础上,采用主成分分析法和最优斜交转轴法分别对 6 个因子进行因子分析,发现每个因子只能提取 1 个成分,累积解释率均大于 80%,项目载荷为 0.910—0.968。探索性因子分析结果如表 3-8 所示。

表 3-8　饮食消费价值自陈量表的六因子结构表

因子名称	项目代码	项　　目	CITC	因子载荷	累积方差解释率/(%)	α	KMO
内隐功能价值	T1	当地美食是绿色健康的	0.957	0.968	90.611	0.947	0.748
	T2	当地美食是当季而食、新鲜的	0.890	0.944			
	T3	当地美食能提供良好的营养	0.896	0.943			
外显功能价值	T7	用餐场所卫生舒适	0.890	0.934	86.848	0.924	0.764
	T5	当地美食色香味俱全	0.892	0.932			
	T9	用餐场所装修装饰有特色	0.893	0.930			
体验价值	T10	能参与美食制作的过程	0.898	0.943	88.232	0.933	0.768
	T12	享受当地美食时,能与表演者进行交流互动	0.897	0.938			
	T13	享受当地美食时,我不介意直接参与表演	0.899	0.937			
社会价值	T14	享受当地美食让我更容易被他人接受	0.904	0.922	83.696	0.967	0.959
	T21	在用餐期间与当地美食经营者良好互动	0.900	0.918			
	T19	一起享受当地美食,使我与旅伴的关系更加亲密	0.903	0.915			
	T15	享受当地出名的美食时,让我觉得自己有了更高的社会地位	0.895	0.914			
	T20	一起享受当地美食,使我与其他游客有良好的互动	0.892	0.912			
	T22	参加美食活动时(就餐、参加美食节等)与当地居民和谐互动	0.893	0.912			
	T17	享受了当地美食,使我能向他人分享美食旅游体验	0.893	0.910			

续表

因子名称	项目代码	项　　目	CITC	因子载荷	累积方差解释率/(%)	α	KMO
道德价值	T30	通过享受当地美食,我能提高对不同文化的理解	0.904	0.934	85.887	0.945	0.872
	T28	享受当地美食,是一个学习美食知识的机会	0.894	0.928			
	T33	消费地方美食时,要具有节约食物的意识	0.897	0.928			
	T31	通过享受当地美食,我能提升对当地饮食文化的认识	0.892	0.917			
文化价值	T23	我了解到当地食物的味道	0.899	0.935	87.218	0.927	0.766
	T27	我体验的当地美食具有丰富的文化内涵	0.894	0.934			
	T25	我体验到了当地传统的美食	0.900	0.932			

注:因子载荷、累积方差解释率、α、KMO均为分因素分析得出的结果。

3. 验证性因子分析

运用采用 AMOS 23.0 软件,采用最大似然法对六因子模型进行验证性因子分析。结果表明,该模型的 χ^2/df 小于 3,RMR 小于 0.05,GFI、IFI、TLI、CFI 均大于 0.90,RMSEA 小于 0.08,表明该模型拟合良好。具体整体拟合系数见表 3-9,饮食消费价值自陈量表六因子模型见图 3-4。

表 3-9　饮食消费价值自陈量表整体拟合表

χ^2	df	χ^2/df	RMR	GFI	IFI	TLI	CFI	RMSEA
313.688	215	1.459	0.010	0.940	0.993	0.992	0.993	0.033

为进一步检验测量量表的可靠性及稳定性,研究借助收敛效度和区别效度来做进一步佐证。收敛效度主要用来检验项目对因子的贡献。经计算,六个因子的 AVE 值均大于 0.5,说明该模型聚合效度优秀。区别效度主要用于检验六个因子之间的差异性。研究采用 Formell 和 Larcker 建议的方法,发现各因子与其他因子间的相关系数均小于 AVE,表明该模型具有良好的区分效度,具体情况见表 3-10。

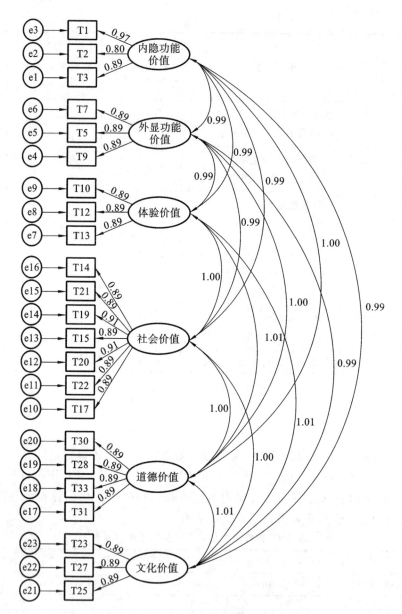

图 3-4　饮食消费价值自陈量表六因子模型图

表 3-10　饮食消费价值六因子间的区分效度表

	内隐功能价值	外显功能价值	体验价值	社会价值	道德价值	文化价值
内隐功能价值	**0.919**					

续表

	内隐功能价值	外显功能价值	体验价值	社会价值	道德价值	文化价值
外显功能价值	0.735***	**0.892**				
体验价值	0.715***	0.732***	**0.892**			
社会价值	0.738***	0.756***	0.737***	**0.896**		
道德价值	0.737***	0.756***	0.737***	0.757***	**0.889**	
文化价值	0.698***	0.717***	0.720***	0.725***	0.719***	**0.891**
AVE	0.8447	0.7963	0.7957	0.8021	0.7894	0.7945
CR	0.9422	0.9214	0.9211	0.9600	0.9375	0.9206

注：*** 代表 $P < 0.001$，对角线加粗的数值为小于 AVE。

经过项目分析和探索性因子分析，剔除不必要项目，研究初步确定了饮食消费价值涵盖内隐功能、外显功能、体验价值、社会价值、道德价值和文化价值。接着采用 AMOS 对该模型做验证性因子分析测验，发现该模型不仅拟合良好，而且有一定的可靠性和稳定性。至此，六因子模型的信度、效度、收敛效度和区分效度均检验过关，最终开发出一个基于理论、具有可操作性的旅游中饮食消费价值自陈量表，可继续下一步研究。

3.6　研究小结

在归纳总结饮食消费价值相关研究的基础上，经过规范的量表开发步骤，研究最终构建了旅游中饮食消费价值的系统架构。架构主要覆盖六个因子，分别为内隐功能价值、外显功能价值、体验价值、社会价值、道德价值和文化价值，各价值的内涵意义如下。

内隐功能价值是对游客安全与健康的基本保证，要求旅游中的美食绿色、当季而食、营养。绿色是无污染、无公害、安全、优质且营养的。营养的食物应是绿色且当季而食的。该功能价值，一方面表现了我国"天人合一"哲学思想与养生观念的结合，另一方面揭示了在消费升级的今天，营养、健康、质量已经成为人们饮食的关注重点。

外显功能价值是当地应提供的饮食消费场所和服务，包括饮食味道色香味俱全、环境场所卫生舒适、环境氛围有特色，对当地餐厅有一定的启示意义。餐厅作为游客消费当地美食的主要场所，首先要提供整洁舒适的卫生环境和有诱惑力的饮食味道。其次，利用有特色的装修打造主题化餐厅，吸引更多的游客前往享受美食,并逐渐形成自身的品牌影响力。

体验价值是游客对旅游中美食活动(就餐、美食节等)体验的需求,包括参与美食制作、美食表演和与表演者互动,对发展旅游中的美食活动有启示意义。研究证明,随着体验经济的到来,浅尝辄止的旅游已不能完全满足游客。游客不仅希望能品尝到当地美食,更想参与旅游中的美食活动以获取深层次的旅游体验。

社会价值是游客对人际价值和身份价值的体现的追求,包括游客间互动、游客与当地人互动、提升声誉、体现面子和象征意义五个方面。这五个方面说明,对游客来说,旅游中的美食能满足游客对人际交往的需求,获得身份认同并提升社会地位。基于此,通过发展美食旅游,当地能提升游客的旅游满意度并打造良好的旅游形象。

道德价值是游客对旅游中美食的利他性和负责任的理解,包括弘扬文化、传播知识和节约食物三个方面。当地的传统美食往往有丰富的文化内涵。游客在当地享受美食,本身就是一个学习当地饮食文化的过程,能提高对不同文化的理解和认识。而节约食物既是远古时代的饥饿记忆对人们的要求,也是中华民族勤俭节约的传统美德的美好缩影。

文化价值是对当地美食文化的呈现形式,涉及传统、正宗和内涵丰富三个方面,是对美食文化的展示和传承。游客在当地享受正宗美食,不仅可以满足游客的生理需求或娱乐体验需求,还能让游客真真切切地感受当地传统文化。

第 4 章　旅游中饮食消费价值对购后行为的影响机理

本章主要是分析旅游中饮食消费价值对购后行为的影响机理。在这一过程中,首先将明确研究中的关键概念,通过文献综述和理论回顾构建模型,并形成可用于实证研究的量表。在实证研究部分,将从三个方面论证旅游中饮食消费价值对购后行为的影响机理:一是分析旅游中饮食消费价值各个维度对不同类型购后行为的影响;二是引入旅游中饮食消费总体价值的变量,检验其在饮食消费价值和购后行为之间的中介作用,进一步探索感知价值影响行为的机理;三是引入感知成本和风险变量,基于成本—收益概念,检验成本和风险在饮食消费价值到总体价值之间的作用,更好地理解总体感知价值的形成过程。

4.1　概念界定与假设建构

4.1.1　概念界定

在本节涉及的概念主要有旅游中饮食消费价值、旅游中饮食消费总体价值、感知成本和风险、购后行为四个概念。其中,旅游中饮食消费价值和旅游中饮食消费总体价值已经在第 3 章进行了明确的界定,此处不再赘述。但是需要说明的是,为行文简练,后面会用"饮食消费价值""总体价值"作为这两个概念的简称。感知成本和风险(Perceived Cost and Risk)概念其实包含了两个维度,一个是成本,另一个是风险。

1. 感知成本和风险

从经济学角度而言,所有活动目标都是寻求成本—效益比的最大化。如果消费者是理性人,必然会对获益进行计算。在旅游中饮食消费的情境下,消费者收获的是饮食消费的多维度价值,而付出的则是成本和可能存在的风险。这里的成本包括两个方面:一是饮食消费成本(Cost of Food Consumption),也就是旅游者到目的地后为饮食付出的成本;二是旅游成本(Suck Cost of Travel),这对消费者而言属于沉没成本。从家到目的地的旅行是一种涵盖了货币性和行为性的沉没成本(管婧婧等,2018)。由此可能会导致沉没成本①谬误,也就是最初的旅行成本会让旅游者期望在饮食消费中获得更多的价值(Guan 等,2021)。

离开自己的惯常环境会面临诸多的潜在风险,这就是为何旅游者会想要为自己带上一个环境罩(Jaakson 等,2004)。对于什么是感知风险,学界有三种看法(Cui 等,2016)。一是感知风险是旅游者对旅途中产生的负面结果或负面影响的主观感知;二是旅游者对旅途中产生的负面结果或负面影响的客观评价;三是旅游者对旅途中对超过心理阈值的负面结果或负面影响的认知。事实上,这正好说明了感知风险形成的三个条件,也就是要有客观对象、要能够被主观感知、感知要超过心理阈值。回到旅游饮食消费的情境中,饮食消费的风险主要有两方面,一个是食物的危害,另一个是食物的短缺。食物的危害包括添加剂、农药残留、伪劣制品、变质、营养不均衡、受污染、不卫生等,简而言之可以归纳为食物不卫生、不健康、不安全。而食物的短缺在中国旅游的情境中可能更多表现为结构上的短缺,比如觉得目的地的饮食是难以食用的、质量不高的,而非数量上的短缺。另外,食物的危害和食物短缺的风险感知的形成条件会有所区别,比如不安全更多来源于主观感知,因为客观上普通消费者很难去评估;而不卫生、不健康、难以食用等可以是基于客观对象形成的主观感知。总体而言,感知饮食风险(Perceived Food Related Risk)是对旅游途中所消费的食物的一种负面认知,包含食品危害和食品短缺两个维度。

2. 购后行为

购后行为,顾名思义就是消费者在购买商品以后产生的行为。有的研究认为这一行为具有时间框架,也就是从产品使用到下一次购买决策之间(李世骅,2020)。这表明在营销语境中,购后行为的导向是与下一次购买相关的行为。但在一般购买情境中,消费者复购的频率比较高,即高频消费。而在旅游情境中,消费者复购的频率相对较低,也就是低频消费。这不仅是因为受时间和经济条件约束,消费者旅游的频率不会过高,以新冠肺炎疫情前的 2019 年计,当年度我国人均旅游次数为 4.3 次(国家统计局,2020),因此旅游者重复到访同一旅游目的地的频率更低。廖平和陈钢华(2020)对以往文献中重游率的整理显示,在 1993—2018 年国内外 30 多个旅游地的平均重游率为 42.25%—52.25%。有研究认为,

---

① 关于旅游中沉没成本的理论阐述,请延伸阅读 *Do sunk cost, information confusion, and anticipated regret have a say?* 一文(论文发表于 *Journal of Hospitality & Tourism Research*,2021 年 6 月,在线发表)。

询问游客的重游意愿是一种值得质疑的方法,有两个方面的原因。一是重游意愿未必能够预测实际的重游行为,换言之,表示愿意重游的人群受各种条件约束未必真能成行。因此,也有研究者提出需要有一个时间框架,比如询问游客在几年内会重游,才能够更准确地预测消费者的行为。二是对目的地而言,忠实顾客为企业贡献 80% 的"二八法则"也许并不适用。对目的地而言,比起挽留老游客,寻求新游客的可能性要高,而付出的成本更低。因此,在营销研究中常用的购后行为衡量工具是"忠诚度"。在旅游的情境中,忠诚度更多地表现为对产品的正面口碑传播,而非复购。

再者,购买行为从广义上包括购后所产生的内隐行为和外显行为(李世骅,2020)。其中,内隐行为可以表示为满意、心流体验等,也就是购买后的心理评估。在本研究中,内隐行为就用总体价值进行衡量。而购买行为的外显行为在本研究中包含两个方面,一个是针对目的地饮食的行为,包括回购和口碑传播。比起目的地本身,目的地饮食具有更好的回购性,比如消费者可以携带便携装的地方美食回家,可以在回家后通过网络购买便携装美食,也可以在回家后去当地经营目的地饮食的餐厅消费。另一个则是针对目的地的行为,Guan 等(2015)证明目的地饮食的吸引力会影响到旅游者对目的地的整体旅行意愿,因此旅游者的购后行为还包括与目的地相关的行为。而针对目的地,旅游者的主要购后行为表现为推荐和口碑传播。

4.1.2　假设建构

1. 旅游中饮食消费价值与购后行为

在营销中,明确了解一件事物的价值来源是非常重要的。Zeithmal 将感知价值定义为消费者对一件产品总体功效的评价,这种评价是基于对付出和回报对比的感知。感知价值一经提出就被视为是满意度的替代选择,成为消费者评估的重要工具。它提供了一个可行的分析框架,能够发现真实竞争世界里面的顾客忠实度问题。在营销领域,大量的实证研究证实感知价值和忠实度之间具有正向关系,但主要是感知价值和态度忠实、行为意向(Chai 等,2015)。也有部分研究证实了感知价值和自我陈述的行为忠实之间的关系,或者是感知价值和真实行为的关系(Mencarelli 和 Lombart,2017)。

食物价值和消费行为的关系,也同样适用上述的分析框架。其中,常见的模型是价值—满意度—行为模型,大量的研究证明食品的质量会影响到消费者对食品价值的感知,进而影响到满意度、口碑推荐和重购意愿(Konuk,2019)。也有研究认为,满意度在感知价值和购后行为之间存在着部分中介关系,感知价值能够直接影响购后行为。甚至有实证性研究发现,满意度在二者之间起不到任何作用,感知价值会对忠实度产生直接的影响。另外,不同类型的感知价值可能会对后续行为产生不同的影响。不少研究都区分了享乐型价值和功能型价值,并就二者对后续行为的不同影响进行了实证研究。比如,Jones 等对享乐型价值和功能型价值在零售场景中进行了检验;Lee 和 Kim 检验了享乐型价值和功能型价值在共享住宿情境中对满意度与忠诚度的影响。除了享乐型价值和功能型价值,也有学者将感知价值分为新奇价值和情感价值,并研究了二者对口碑和重购酒店产品意愿的影响(Dedeoglu 等,2018)。基于上述分析,本研究提出研究假设 H_1。

H_1 旅游中饮食消费价值对购后行为具有直接影响。

2. 旅游中饮食消费价值、总体价值与购后行为

Homer and Kahle 在 20 世纪 80 年代末提出了价值—态度—行为模型(Value-Attitude-Behavior Model,简称 VAB 模型)。该模型表明价值是形成态度的基础,而态度导致特定的行为。这一模型的提出是基于社会认知理论,该理论认为个体能够适应环境,这种适应性会指导他们在特定的情况下采取行动。价值是一种促进适应的社会认知,而态度是基于认知所形成的对讨论对象的正面或负面反应。行为则受到态度也就是参与该行为意愿的影响。所以,价值、态度和行为之间是层级关系,价值—态度—行为模型也被称为价值—态度—行为的层级模型(Value-Attitude-Behavior Hierarchy)。

VAB 模型最早被用于测试购买天然食品的场景之中。研究表明,价值、态度和行为之间存在着层级关系,也就是感知价值对购物行为没有显著的直接影响,态度在二者之间起到了中介作用。之后多个关于有机食品的研究也证明了这一模型具有较好的解释力。另外,在有机食品餐厅消费的情境也验证了这一模型,Shin 等的研究表明对于有机食品消费的利他价值会显著影响生物感知价值,并通过亲环境态度影响到为有机菜单支付更多钱的行为。在另一项关于食物浪费的研究中,Kim 等指出,感知价值对于个人减少食物浪费的态度、个人规范、社会规范都具有显著的影响,而且消费者的个人特征(是否素食主义者)会在这三者关系之间形成调节影响。基于上述文献回顾,本研究引入总体价值概念,用于衡量消费者的态度,构建起感知价值—总体价值—购后行为的层级关系,如图 4-1 所示。

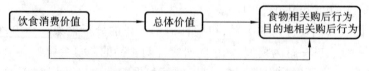

图 4-1 感知价值—总体价值—购后行为的概念模型

H_2 旅游中饮食消费总体价值在旅游中饮食消费价值和购后行为之间起到中介作用。

由于累积的感知价值是基于所有价值维度得出,Jones 和 Suh 质疑所感知到的不同价值维度是否会对总体感知价值形成针对性的影响,甚至没有影响。在他们的研究中,他们用了三个竞争性的模型来描述消费者在特定场合的复杂心理反应之间可能存在的关系。也就是说总体价值未必是感知价值和购后行为之间的完全中介,也有可能是部分中介或者是调节变量。一些研究人员跟踪了 Jones 和 Suh 的模型。在银行、网络营销、体育服务等场景中,三个模型并没有得到验证,反而是在度假村的场景中,这三个模型得到了验证。Gao 和 Lai 由此引入了集成性的概念,因为度假村是一个综合性的场所,提供不同的服务。面对不同的服务,集成性评价可以分别扮演完全中介、部分中介和调节的角色。Lai(2020)就消费者对中国澳门四种地方美食(葡萄牙餐、自助餐、米其林餐厅和街头小吃)的满意度,以及集成性美食体验满意度对口碑的影响进行了检验。研究发现,消费者对四种地方美食的满意度会影响集成性满意度,但是集成性满意度在葡萄牙餐、自助餐和口碑之间起部分中介作用;在米其林餐厅和口碑之间起完全中介作用;在街头小吃和口碑之间起到部分中介和调节作用。由此可见,在不同的场景或是不同的价值维度,总体价值在影响购后行为中扮演了不同的角色。由此,本研究提出 H_2 的两个竞争性模型,见图 4-2 和图 4-3。

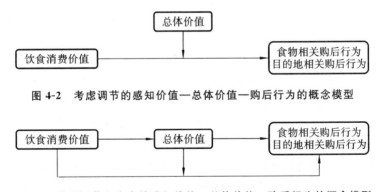

图 4-2　考虑调节的感知价值—总体价值—购后行为的概念模型

图 4-3　兼顾调节和中介的感知价值—总体价值—购后行为的概念模型

3. 旅游中饮食消费价值、感知成本和风险、总体价值

按照之前对感知价值的定义,感知价值是消费者对产品的整体评价,这种评价是基于消费者对产品或服务的认识,也就是消费者能得到什么和给予什么,即消费者感知到的总价值减去他们付出的总成本,是一种利益和牺牲之间的权衡。因此,从这个角度来考虑,消费者所感知到的总体价值,是对不同维度价值的感知

和消费者付出成本之间的比较。消费者的付出与消费者的感知价值之间存在着负面的关系。在一般的消费场景中,感知成本主要是指价格,但事实上价格并不完全是指金钱,也可能指所有的精力、风险和不安全的可能性。在旅游的情境中,这种付出和成本包含了购买饮食的成本和旅行的成本。而饮食消费成本在金钱之外,也包含了和饮食消费相关的风险。旅游成本在金钱之外,也包含了为旅游而付出的精力和时间成本。基于感知价值的基本概念,可以得出假设 H_3。

H_3 感知成本在旅游中饮食消费价值和总体价值之间起到调节作用。

进行消费时,消费者获得的并不总是价值,也有可能是风险。消费者感知风险意味着他们经历不确定性和潜在的购买或使用不受欢迎产品或服务的后果。随着风险感知水平的增加,消费者不太可能购买产品或服务(Mwencha 等,2014)。消费者的感知价值和感知风险之间存在关联,也有研究将其直接称为感知风险—价值模型。但不同的实证研究表明,感知风险和价值之间可能存在着多种类型的关系。Agarwal 和 Teas 的研究表明,感知风险是感知价值的前因,也就是说感知风险会降低消费者对感知价值的评估。也有研究认为,感知风险和感知价值是并行的关系,两者并不会产生交集,但它们可以共同影响支付意愿。同样,Sweeney 等也认为,在零售环节中,感知风险和感知价值是并列关系,二者会同时影响物有所值感,进而影响购买意愿。不少研究将感知风险视为对物品客观评价和感知价值之间的中介变量,其背后的逻辑在于,消费者在评价某个客观物品的质量或体验时,由于感知到风险会降低整体的价值评价。比如,Snoj 等在对手机的使用研究中发现,手机的感知质量既可以直接影响感知价值,也可以通过感知风险影响感知价值。在这里,感知风险扮演了中介变量的角色。同理,Agarwal 和 Teas 的论文指出产品的外在线索,如价格、品牌、商店名、原产国等会影响到消费者的风险感知,进而影响到消费者对价值的感知。

但近期的研究认为,在感知价值和购买意向之间,感知风险起到的是调节作用。在不同的风险程度下,消费者对价值的感知可能会发生变化(Chiu 等,2014)。感知风险对感知价值和消费行为之间的调节作用已经在多个场景中得到了证实,如在线购物场景(Chiu 等,2014)、亲环境消费(Kwok 等,2015)、共享单车的使用。由于旅游中的饮食消费往往不存在先验经验,而且饮食消费又具有生产和消费同一性的特点,因此饮食消费产生的感知风险可能会伴随着整个消费过程出现,直接影响消费者对总体价值的感知。换言之,在旅游饮食消费的场景之中,饮食的多维消费价值会随着感知成本和感知风险的增加而降低对总体价值的正面影响;反之,饮食的多维消费价值会随着感知成本和感知风险的减少而增加对总体价值的正面影响。这也符合成本—收益框架的基本理念,付出增加会减少收益感知,进而降低总体价值感,反之亦然。综上所述,可以得出假设 H_4,见图 4-4。

H_4:感知风险在饮食消费价值和总体价值之间起到调节作用。

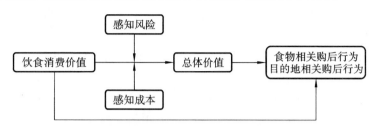

图 4-4　感知价值—购后行为的概念模型

4.2　研　究　过　程

4.2.1　测量工具

本部分研究涉及的测量工具包括饮食消费价值、饮食消费总体价值、感知成本、感知风险、购后行为五个方面。其中,饮食消费价值来源于第 3 章的研究结果。饮食消费总体价值、感知成本、感知风险和购后行为则是引自成熟文献或进行了修订。

1. 饮食消费总体价值

感知价值的测量有单一维度和多维度两种类型。在多维量表中,价值被区分为各种不同类型的维度。比如,Sánchez 等认为感知价值包括情感价值、社会价值和功能价值;Grönroos 则认为感知价值包括认知价值和情感价值;Overby 和 Lee将感知价值划分为功能性价值和享乐性价值。多维量表的优点在于它能够捕捉消费者对于特定产品和服务的复杂心理反应,而且能够将心理反应与客观的产品和服务对象相联系,对于提升产品和服务的各方面价值维度有较好的实践指导意义。因此,本研究在第 3 章围绕旅游中饮食消费这一场景和特定对象展开了多维度的价值细分研究。

与此同时,也有必要衡量消费者总体感知价值。这主要是基于两点考虑:一是多维度价值更多是消费者在消费后或者消费过程中的即时性评价,而总体价值则是在消费者与消费对象的重复互动中形成,反映的是一段时间的累积,因此二者不同。二是多维度价值侧重于衡量消费对象的某一个方面的价值,但在复杂消费场景中,特别是在旅游的消费场景中,消费对象往往可能由产品、服务、组织、人员等共同构成,对各部门价值评价的简单叠加未必等同于总体感知价值,也就是有时候"1+1"会大于"2",也可能会小于"2"。再者,实证研究表明,总体性评价可以更好地预测行为意图。

对于总体价值的衡量,主要是基于物有所值的视角。Sweeney 等提出了包含3 条目的李克特量表类型的测量工具,比如"这一物品是物有所值的""这一物品是值得购买的""用这个价格购买是实惠的"。随后,Agarwal 和 Teas 将其拓展为 5 条目的量表,并采用了双向语义量表。比如,题项为"这一产品……",对应的选项为"性价比非常高—性价比非常低";"我认为这一产品是值得购买",对应的选项为"完全同意—完全不同意"。Snoj 等认为,除了要考虑性价比,还应该考虑整体心理感受,因此提出了对价值的主观衡量这一测量条目。综合对上述成熟量表的分析,本研究将使用 3 条目的双向语义量表,采用 1—5 点量表进行测量(见表4-1)。

表 4-1　旅游中饮食消费总体价值 3 条目量表

条　目	选　项
这一次旅游中的饮食消费……	性价比非常高(5)—性价比非常低(1)
在一次旅游中用于饮食消费的开支……	完全可以接受(5)—完全不能接受(1)
我认为这一次旅游中的饮食消费总体上是物有所值的	完全同意(5)—完全不同意(1)

2. 感知成本

感知成本在感知价值的语境中也可以表述为感知付出,也就是为获得某一产品或者服务所放弃的。当一个消费者不能自己找到某一产品或者需要一段距离去购买,那么付出就产生了。当消费者必须付出精力去衡量一个耐用品,或要花时间去打包商品;当消费者在当次的时间和精力付出并未获得满意的结果,这些场景都会导致消费者的感知付出。一般而言,感知付出包括经济内容(如价格)和非经济内容(如时间、搜索成本和精力),也有研究者将感知付出分为努力和风险两个维度。其中,努力是消费者为获得产品而付出的时间、金钱和精力;而风险则是对购买产品后,产品不能提供收益的担忧。

由于在本研究的情境中,消费者为消费目的地的饮食需要同时付出旅行成本和饮食成本,因此本研究将感知成本和感知风险视为两个独立的变量进行测量。对于感知成本的测量,比较成熟的量表包含了对经济、时间和精力的测量,这一量表被多个研究反复运用,具有较高的信效度。在这一量表里面,感知成本被表述为"为消费某一产品付出的价格、时间、努力……",对应的选项为"非常低—非常高"。另外,Guan 等(2021)开发了感知沉没成本量表,有效地测量了旅游情境对消费者行为的影响,可用于衡量与旅游相关的成本。基于上述成熟量表,本研究从与饮食相关和与旅游相关两个维度出发,形成了6条目的李克特量表,采用1—5点量表进行测量(见表4-2)。

表 4-2　旅游中饮食消费总体价值 6 条目量表

条　　目	选　　项
与饮食相关的成本	
旅游中我为获得饮食而付出的努力……	非常高(5)—非常低(1)
旅游中我为获得饮食而消耗的时间……	非常多(5)—非常少(1)
旅游中我为获得饮食而付出的金钱……	非常多(5)—非常少(1)
与旅行相关的成本	
为了旅游,我花费了较多的时间	完全同意(5)—完全不同意(1)
为了旅游,我花费了较多的精力	完全同意(5)—完全不同意(1)
为了旅游,我花费了较多的金钱	完全同意(5)—完全不同意(1)

3. 感知风险

由于旅游活动通常发生在非惯常环境之中,且具有高度的涉入性,因此研究者很早就注意到了旅游中风险感知的重要性。旅游风险被定义为旅游者在旅途中可能遇到的各种不确定状况,这种不确定性会显著地影响消费者的决策。除了消费者通常感知的风险维度外,基于旅游情境,不少研究提出了针对旅游情境的感知风险维度。比如,Moutinho 将旅游感知风险划分为经济风险、身体风险、自然灾害风险、健康风险、心理风险、恐怖主义风险、社会风险和犯罪风险。Tsaur 等提出了交通、法律和治安、卫生、住宿、天气、观光景点和医疗支援等风险维度。Maser 和 Weiermair 验证了疾病风险、犯罪风险、自然灾害风险、卫生保健风险、交通风险、文化语言障碍风险等风险维度。但许晖等(2003)研究指出,感知风险包括基于风险源和基于损失划分的两种类型,并提出基于风险源的风险难以枚举,因此基于损失划分的风险更合适。他们认为,基于损失划分的风险包括身体风险、设施风险、财务风险、沟通风险、功能风险、心理风险、社会风险、服务风险和时间风险。

现有研究较少探讨旅游情境中饮食消费存在的风险,仅有部分研究零星地提到了与饮食消费相关的风险,如 Lepp 和 Gibson 提到了饮食风险,Fuchs 和 Reichel(2011)提到了食品安全问题。本研究采纳张晖等(2013)的建议从损失划分的视角考虑旅游中饮食消费的风险。在许晖等(2013)提出的 9 种风险类型中,财务风险、时间风险等更接近于饮食消费的成本,因此本研究主要考虑的是其他7类风险。结合旅游中饮食消费的情境,最终形成身体风险、心理风险、服务风险、功能风险四方面的衡量维度。以下并采用李克特量表,用1—5分的同意程度进行衡量(见表4-3)。

表 4-3　旅游中饮食消费总体价值量表

条　　目	选　　项
消费目的地的饮食可能会伤害我的身体	完全同意(5)—完全不同意(1)
在消费饮食过程中,服务质量不满意	完全同意(5)—完全不同意(1)
消费目的地的饮食让我感到紧张	完全同意(5)—完全不同意(1)
目的地的饮食可能不适合我消费	完全同意(5)—完全不同意(1)

4. 购后行为

购后行为可以有多种表现。李世骐(2020)认为,购后行为包括满意度、口碑和重游意愿(也可称为"负责任旅游行为")。

(1) 满意度

满意度更多表明的是一种购买后的状态,或者是一种对整个购买过程的评估。因此,本研究出于对旅游情境的考虑,选择使用总价值而非满意度来衡量整个旅游中饮食消费的过程。另外,两种比较重要的购后行为是口碑和重游意愿。在消费者行为研究中,重游意愿也就是复购行为,被视为是对消费者忠诚度重要的量化评估,这种行为往往可以用再次购买的发生概率、购买的频率、重复购买行为、连续购买行为和多样性的购买行为进行测量(王鑫,2011)。而一个消费者对一个品牌或一家企业的产品或服务的重复购买,基于"二八法则",是企业利润重要的来源,因此在消费者行为研究中具有重要意义。很多时候企业的目标就是要培养能够重复购买的顾客。如文献综述所述,在旅游情境之中重游目的地的意愿较难转化为现实,但是鉴于饮食消费的特殊性,考虑到饮食存在着可携带、可流通、可复制的先天优势,因此存在复购的可能性。

(2) 口碑

口碑(Word of Mouth)一直被认为在消费者的决策行为中具有非常重要的作用,因为其具有可信度高、信息充分、成本低的特点。Westbrook 将口碑视为"消费者之间的某种关于服务或产品的非正式沟通"。而 Tax 等进一步提出,口碑既可以是正面的也可以是负面的。口碑最大的作用在于,它可以通过正规或非正规的影响对其余的消费者产生作用。作为接受者的消费者为了减少可能存在的风险而寻求口碑信息,而作为传播者的消费者则为了成为意见领袖或者是表达自己的满意/不满意而输出口碑信息。在网络出现之前,口碑主要是通过亲朋好友之间的口口传播。网络出现之后开始有了网络口碑的概念,意指消费者在网络平台上搜集其他消费者的使用评价并分享自己对产品的心得体会,供其他消费者参考的行为。Tham 等认为,网络口碑在信息源—接收者关系、渠道多样性、信息可靠性、信息重获和分享信息动机上都与传统口碑会有所区别。由于网络口碑情境中互为参考信息来源的消费者之间缺乏较强的人际关系,因此网络口碑的数量、质量、效价和离散度显得格外重要。由于旅游产品具有无形性和生产消费同一性,在消费之前不能予以评估,因此口碑的重要性就更为突出。Papadimitriou 等在测量旅游目的地形象和口碑行为的关系时,用了 3 条目量表,条目包括是否有意向其他人通报关于目的地的正面情况、对旅游目的地进行推荐、鼓励亲朋好友前来目的地进行访问。而测量网络口碑时,Goraya 等(2021)基于前人较为成熟的量表,也形成了 3 条目的李克特量表,分别为"我愿意分享我的经验""我愿意提供我的经验和建议""我愿意提供产品推荐"。考虑到旅游中饮食消费的口碑可能会形成关于饮食的口碑,也会形成关于旅游目的地的口碑,因此口碑行为将从两个方面进行衡量。测量将包含传统的口碑传播渠道和网络口碑传播渠道。

(3) 重游意愿(负责任旅游行为)

依据 2002 年的卡普角宣言,负责任旅游的目的是:减少旅游给经济、环境和社会造成的负面影响;对当地人产生经济效益;对自然和文化遗产的保护提供帮助;为旅游者提供愉悦体验。负责任旅游需要多元主体,其中旅游者是负责任旅游的主要行为落实者,通过负责任旅游行为实现负责任旅游的目标。所谓"负责任游客行为",是指游客在经济、社会文化和环境方面尊重目的地居民需求和利益的行为(李星群和陈馨,2020)。持同样观点的还有刘堂,他认为负责任旅游中发挥主体作用的是旅游者,旅游者需要将对目的地的影响降到最低。虽然消费者对负责任旅游持有正面、积极的态度,但也有研究发现消费者对负责任旅游的态度与实际行为之间存在差异。对于负责任旅游行为,一种是从总体参与的角度进行测量。比如,Kim 等开发了 3 条目的自陈式量表,对被访者的负责任旅游行为进行测量。这三个条目分别是"我参与负责任旅游""我尝试参与负责任旅游""我为参与负责任旅游投入时间和精力"。总体性的测量简洁明了,但困难在于被访者是否理解何为负责任旅游。因此,有研究者对负责任旅游行为进行了细化,从文化、社会和环境三个方面提出了游前搜集信息、旅游中学习当地知识、尊重当地文化、遵守当地社会规则、遵守当地自然保护要求、学习并了解环境、参加环境教育项目、不到访可能破坏环境的地方、到当地餐厅用餐、确保自己的钱有一部分用于环境保护、确保自己的钱有一部分用于当地人福利等一系列指向明确的负责任旅游行为(Kang 和 Moscardo,2006)。

从明确的负责任旅游行为考虑,和饮食消费行为相关的主要包括文化、环境和社会三个方面。在文化方面,主要是消费者通过饮食消费增加对地方的了解,尊重当地的饮食消费习惯;在环境方面,则是避免食物的浪费;在社会方面,主要是消费者更多地光顾当地的餐厅,购买当地的食物。鉴于负责任旅游行为和旅游者对饮食消费的重购行为和口碑行为之间存在着重叠,本研究将以负责任旅游行为为框架融合重购行为和口碑推荐,形成能够体现消费者责任观的重购行为和口碑推荐测量工具。综上,购后行为测量量表如表4-4所示。

表 4-4　购后行为测量量表

条　目	选　项
负责任的饮食消费和重购行为	
在旅游中,我会购买当地食品	完全认同(5)—完全不认同(1)
在旅游后,我会接着网购当地食品	完全认同(5)—完全不认同(1)
在旅游中,我都选择在本地经营的餐厅进行消费	完全认同(5)—完全不认同(1)
在旅游中,我尽量不浪费粮食	完全认同(5)—完全不认同(1)
负责任的饮食口碑推荐	
我会向他人推荐当地的饮食	完全认同(5)—完全不认同(1)
我会向他人介绍当地的饮食文化	完全认同(5)—完全不认同(1)
我会在网络上推荐当地的饮食	完全认同(5)—完全不认同(1)
我会在网络上宣传当地的饮食文化	完全认同(5)—完全不认同(1)
旅游目的地口碑推荐	
我会给予该目的地正面评价	完全认同(5)—完全不认同(1)
我会向他人推荐该目的地	完全认同(5)—完全不认同(1)
我会在网络上推荐该目的地	完全认同(5)—完全不认同(1)

4.2.2　数据收集过程

考虑到可解除样本的广度,正式调研委托专业机构进行专业化问卷发放和回收。问卷内容由人口统计特征调查和饮食消费价值、总体价值、购后行为三部分组成,共64个题项。题项采用5级李克特量表计分,从非常符合(5分)到非常不符合(1分)。剔除回答时间过短、连续或者所有问题出现相同答案、每一维度答案矛盾性过大的问卷,最终形成1197份有效问卷,纳入数据分析。

4.2.3　数据分析

问卷通过问卷星网络平台进行发放和回收,以获取足够多的研究数据样本。首先,对样本的性别、年龄、学历、可支配收入等进行描述性统计分析,确保样本分布广泛,具有很高的代表性。其次,采用两步法对模型进行检验。第一步检验问卷的信效度,包括信度、结构效度、聚敛效度、区分效度。第二步对模型进行检验,主要检验主效应、中介效应、局部调节效应、有调节的中介效应,对研究设计的研究模型和做出的假设进行一一验证,分析旅游中饮食消费价值对购后行为的影响机理。

4.2.4　样本描述性统计分析

受访者男女比例较为平均(分别为51.4％和48.6％)。在年龄结构方面,样本的年龄结构集中在18—44 岁,分布均匀,但缺少45 岁及以上的受访者。这是因为参与饮食旅游的游客群体比较年轻,对美食的猎奇心理比较重,因此这部分人群在旅游中的饮食消费频率较高。受访者的受教育水平集中在初中及以下、高中/职高、大专/大学,达91.5％,也说明了高知人群充当了旅游中饮食消费的主力军。受访者的月可支配收入集中在 4000—8000 元,达 46.9％,具体情况见表 4-5。

表 4-5　样本人口统计特征表

变　　量	类　　别	总　人　数	占比/(％)
性别	男	615	51.4
	女	582	48.6
年龄	18—24	266	22.2
	25—34	427	35.7
	35—44	263	38.6
	45 岁以上	42	3.5
受教育水平	初中及以下	323	27.0
	高中/职高	522	43.6
	大专/大学	250	20.9
	硕士研究生	69	5.8
	博士研究生及以上	33	2.8

续表

变　　量	类　　别	总　人　数	占比/(%)
月可支 配收入	2000 元以下	274	22.9
	2001—4000	169	14.1
	4001—6000	321	26.8
	6001—8000	241	20.1
	8001—10000	132	11.0
	10000 元以上	60	5.0

4.3　数据分析与模型验证

考虑到研究模型较为复杂,涉及 6 个自变量、3 个调节变量、1 个中介变量、3 个因变量。基于描述性统计结果,本研究采用 Smart PLS 3.0 软件对上述的研究假设进行数据分析与模型验证。Smart PLS 3.0 软件是基于结构方程(SEM)原理,可以同时处理模型中的多个变量,综合检验某一理论模型或假设模型的适切性(Khoi 和 Tuan,2018)。

4.3.1　信效度检验

信度通常采用 Cronbach's α 系数和组合信度来描述,如表 4-6 所示,各变量及问卷的 Cronbach's α 系数介于 0.925—0.995,CR 介于 0.951—0.973,均远远超出临界值 0.700。这表明测量指标具有很好的内部一致性,问卷具有很高的信度。

本研究根据研究目的设计的填答方式均为自我报告形式,为增强研究结论的严谨性,本研究根据 Hair 等的多重共线性诊断标准,采用 VIF 对问卷的多重共线性测验,发现 T2 的 VIF 为 6.434(介于 5—10),其余项目的 VIF 介于 2.744—4.81(<5),表明不存在共线性问题,问卷整体结构效度良好。

效度包括聚合效度和区分效度。表 4-6 显示,一阶变量与各观察变量的因子载荷介于 0.910—0.966(>0.7),AVE 介于 0.853—0.902(>0.5),表明各变量具有良好的聚合效度。区分效度主要用于检验各因子之间的差异性。研究采用 Formell 和 Larcker 建议的方法,发现各因子与其他因子间的相关系数均小于 AVE,表明该模型具有良好的区分效度,各因子之间共线的可能性很小,具体情况见表 4-7。

表 4-6　信效度检验结果表

潜变量		项目	因子载荷	VIF	AVE	CR	Cronbach's α	
饮食消费价值	内隐功能价值 F1	T1	0.941	4.363	0.902	0.965	0.946	0.995
		T2	0.966	6.434				
		T3	0.942	4.481				
	外显功能价值 F2	T5	0.932	3.513	0.872	0.953	0.927	
		T7	0.935	2.644				
		T9	0.936	3.675				
	体验价值 F3	T10	0.939	3.902	0.876	0.955	0.929	
		T12	0.935	3.635				
		T13	0.934	3.653				
	社会价值 F4	T14	0.910	4.391	0.836	0.973	0.967	
		T15	0.913	4.439				
		T17	0.907	4.204				
		T19	0.916	4.643				
		T20	0.914	4.514				
		T21	0.920	4.815				
		T22	0.918	4.720				
	道德价值 F5	T28	0.925	3.980	0.854	0.959	0.943	
		T30	0.927	4.071				
		T31	0.919	2.718				
		T33	0.926	4.002				
	文化价值 F6	T23	0.933	3.539	0.871	0.953	0.926	
		T25	0.932	3.546				
		T27	0.935	3.638				

注：F4 的 Cronbach's α 栏（0.988）对应饮食消费价值整体。

续表

潜 变 量	项目	因子载荷	VIF	AVE	CR	Cronbach's α	
总体价值 F7	T45	0.930	3.431	0.867	0.951	0.923	
	T46	0.934	3.607				
	T47	0.929	3.394				
饮食成本 F8	T48	0.938	3.828	0.872	0.953	0.927	
	T49	0.929	3.412				
	T50	0.934	3.619				
旅游成本 F9	T51	0.929	3.365	0.866	0.951	0.923	
	T52	0.933	3.531				
	T53	0.931	3.475				
旅游风险 F10	T54	0.927	4.098	0.856	0.959	0.944	0.995
	T55	0.925	3.986				
	T56	0.923	3.873				
	T57	0.925	3.973				
消费和重购行为 F11	T65	0.925	3.971	0.854	0.959	0.943	
	T66	0.922	3.824				
	T67	0.927	4.043				
	T68	0.922	3.844				
饮食口碑推荐行为 F12	T69	0.920	3.751	0.853	0.959	0.943	
	T70	0.926	4.019				
	T71	0.926	4.019				
	T72	0.923	3.882				
目的地口碑推荐行为 F13	T73	0.934	3.561	0.869	0.952	0.925	
	T74	0.931	3.513				
	T75	0.932	3.518				

表 4-7 区分效度检验结果表

	F1	F2	F3	F4	F5	F6	F7	F8	F9	F10	F11	F12	F13
F1	**0.949**												
F2	0.862***	**0.934**											
F3	0.778***	0.778***	**0.936**										
F4	0.857***	0.776***	0.771***	**0.914**									
F5	0.866***	0.788***	0.783***	0.782***	**0.919**								
F6	0.897***	0.812***	0.816***	0.807***	0.816***	**0.933**							
F7	0.868***	0.783***	0.775***	0.780***	0.792***	0.816***	**0.931**						
F8	0.896***	0.783***	0.808***	0.806***	0.814***	0.844***	0.814***	**0.934**					
F9	0.878***	0.799***	0.788***	0.788***	0.801***	0.827***	0.791***	0.828***	**0.931**				
F10	0.879***	0.793***	0.789***	0.789***	0.789***	0.826***	0.826***	0.826***	0.809***	**0.925**			
F11	0.850***	0.774***	0.762***	0.766***	0.774***	0.799***	0.799***	0.800***	0.800***	0.786***	**0.924**		
F12	0.892***	0.809***	0.801***	0.803***	0.811***	0.843***	0.843***	0.839***	0.839***	0.822***	0.797***	**0.924**	
F13	0.892***	0.907***	0.802***	0.805***	0.815***	0.840***	0.840***	0.839***	0.839***	0.822***	0.797***	0.838***	**0.932**

注：对角线上加粗数据为 AVE 的平方根，*** 表示 $P < 0.001$。

4.3.2 模型验证

1. 主效应检验

为了验证假设 H_1 主效应假设,将消费和重购行为、美食口碑推荐行为和目的地口碑推荐行为依次设为因变量,内隐功能价值、外显功能价值、体验价值、社会价值、道德价值、文化价值依次设为自变量,共计 18 条路径,对做出的假设依次验证。结果发现,路径系数介于 0.061—0.323,置信区间不包括 0,P 值均小于 0.05,表明主效应均成立,具体检验结果见表 4-8。

表 4-8 模型主效应检验结果表

路 径	路径系数	样本均值	标准差	T 统计量	置信区间	P 值	主效应
F1→F11	0.162	0.161	0.030	5.370	(0.105,0222)	0.000	成立
F1→F12	0.184	0.184	0.031	6.009	(0.125,0242)	0.000	成立
F1→F13	0.194	0.194	0.034	5.666	(0.128,0261)	0.000	成立
F2→F11	0.176	0.176	0.026	6.648	(0.123,0227)	0.000	成立
F2→F12	0.126	0.126	0.024	5.279	(0.080,0171)	0.000	成立
F2→F13	0.088	0.089	0.030	2.956	(0.029,0149)	0.003	成立
F3→F11	0.061	0.060	0.027	2.245	(0.007,0114)	0.025	成立
F3→F12	0.067	0.067	0.025	2.638	(0.015,0115)	0.008	成立
F3→F13	0.068	0.067	0.028	2.419	(0.012,0.125)	0.016	成立
F4→F11	0.323	0.322	0.036	8.977	(0.251,0.393)	0.000	成立
F4→F12	0.296	0.296	0.035	8.384	(0.226,0.367)	0.000	成立
F4→F13	0.328	0.328	0.042	7.819	(0.246,0.409)	0.000	成立
F5→F11	0.125	0.125	0.028	4.452	(0.071,0.180)	0.000	成立
F5→F12	0.096	0.096	0.025	3.787	(0.046,0.146)	0.000	成立
F5→F13	0.150	0.150	0.030	5.054	(0.092,0.207)	0.000	成立
F6→F11	0.141	0.142	0.030	4.648	(0.080,0.199)	0.000	成立
F6→F12	0.220	0.220	0.030	7.356	(0.161,0.278)	0.000	成立
F6→F13	0.152	0.152	0.030	5.143	(0.095,0.210)	0.000	成立

注:基于 5000 次 Bootstrap 自主抽样进行标准误估计并提供基于样本修正偏倚加速 95% 的置信区间。

2. 中介效应检验

为验证总体价值的中介作用,研究首先分析饮食消费价值和总体价值、总体价值和食物相关行为、总体价值和目的地相关行为之间的直接效应,接着分析总体价值的中介作用是否成立,结果如表 4-9 所示。研究采用 Smart PLS 3.0 软件分别对直接效应和中介效应中相关变量的路径系数以及模型的 R^2 值进行计算。

表 4-9　模型中介效应检验结果表

路　径	路径系数	样本均值	标准差	T 统计量	置信区间	P 值	结果检验
F1→F7	0.258	0.258	0.034	7.657	(0.191,0.323)	0.000	成立
F2→F7	0.086	0.086	0.029	2.951	(0.029,0.144)	0.003	成立
F3→F7	0.018	0.018	0.029	0.616	(−0.039,0.075)	0.539	不成立
F4→F7	0.274	0.273	0.040	6.920	(0.191,0.353)	0.000	成立
F5→F7	0.174	0.175	0.030	5.742	(0.112,0.234)	0.000	成立
F6→F7	0.168	0.168	0.033	5.171	(0.104,0.234)	0.000	成立
F7→F11	0.140	0.139	0.026	5.369	(0.088,0.190)	0.000	成立
F7→F12	0.057	0.057	0.025	2.267	(0.009,0.106)	0.023	成立
F7→F13	0.161	0.161	0.030	5.408	(0.102,0.221)	0.000	成立
F1→F7→F11	0.036	0.036	0.008	4.505	(0.021,0.053)	0.000	成立
F1→F7→F12	0.015	0.015	0.007	2.229	(0.002,0.028)	0.026	成立
F1→F7→F13	0.041	0.041	0.009	4.502	(0.025,0.060)	0.000	成立
F2→F7→F11	0.012	0.012	0.005	2.542	(0.004,0.022)	0.011	成立
F2→F7→F12	0.005	0.005	0.003	1.766	(0.000,0.011)	0.078	不成立
F2→F7→F13	0.014	0.014	0.005	2.559	(0.004,0.026)	0.011	成立
F3→F7→F11	0.002	0.003	0.004	0.599	(−0.005,0.011)	0.549	不成立
F3→F7→F12	0.001	0.001	0.002	0.536	(−0.002,0.005)	0.592	不成立
F3→F7→F13	0.003	0.003	0.005	0.602	(−0.006,0.013)	0.547	不成立
F4→F7→F11	0.038	0.038	0.009	4.196	(0.022,0.057)	0.000	成立
F4→F7→F12	0.016	0.016	0.007	2.109	(0.002,0.031)	0.035	成立
F4→F7→F13	0.044	0.044	0.011	4.073	(0.025,0.067)	0.000	成立
F5→F7→F11	0.024	0.024	0.006	3.840	(0.013,0.038)	0.000	成立
F5→F7→F12	0.010	0.010	0.005	2.015	(0.001,0.020)	0.044	成立
F5→F7→F13	0.028	0.028	0.007	3.970	(0.015,0.043)	0.000	成立

续表

路　径	路径系数	样本均值	标准差	T统计量	置信区间	P值	结果检验
F6→F7→F11	0.024	0.023	0.006	3.701	(0.012,0.038)	0.000	成立
F6→F7→F12	0.010	0.010	0.005	2.069	(0.001,0.019)	0.039	成立
F6→F7→F13	0.027	0.027	0.007	3.758	(0.014,0.042)	0.000	成立

注:基于5000次Bootstrap自主抽样进行标准误估计并提供基于样本修正偏倚加速95%的置信区间。

在体验价值对总体价值的影响分析中,P值为0.539($>$0.05),置信区间为($-$0.039,0.075),包含0,表明旅游中饮食的总体价值不会受到饮食消费价值的体验价值的影响,因此旅游中饮食的总体价值对旅游中饮食消费价值的体验价值不存在中介效应,P值介于0.547—0.592,置信区间包含0。在接下来的中介效应、调节效应及有调节的中介模型检验中,将不再继续分析与此部分相关的效应。

总体价值对饮食口碑推荐行为路径,P值为0.023,介于0.05—0.1,且置信区间不含0,表明旅游中饮食的总体价值对饮食口碑推荐行为的影响显著。

外显价值对总体价值行为路径,P值为0.003,介于0.01—0.01,且置信区间不含0,表明旅游中饮食消费价值的外显价值对总体价值的影响非常显著。

除上述三条路径外,以总体价值为因变量,以旅游中饮食消费价值的内隐价值、社会价值、道德价值和文化价值为自变量的直接效应,以总体价值为因变量,以消费和重购行为、饮食口碑推荐行为和目的地口碑推荐行为为自变量的直接效应,P值均为0.000,且置信区间不含0,表明旅游中饮食的总体价值受内隐价值、社会价值、道德价值和文化价值的影响非常大,且旅游中饮食的总体价值对消费和重购行为、饮食口碑推荐行为和目的地口碑推荐行为的影响非常大。

根据表4-9发现,除了旅游中饮食的总体价值在饮食消费价值的体验价值对食物相关行为和目的地相关行为中不存在中介效应外,旅游中饮食的总体价值在饮食消费价值的外显价值对目的地口碑推荐行为的中介路径,P值为0.078(0.05),置信区间包含0,表明中介效应不成立。

旅游中饮食的总体价值在饮食消费价值的内隐价值对饮食口碑推荐行为和目的地饮食口碑推荐行为的中介路径,在社会价值、道德价值、文化价值对饮食口碑推荐行为的中介路径,P值分别为0.026、0.011、0.035、0.044、0.039,均小于0.05,置信区间均不包含0,表明中介效应成立。

此外,旅游中饮食的总体价值在内隐价值对消费和重购行为、目的地口碑推荐行为的中介效应,在社会价值对消费和重购行为、目的地口碑推荐行为的中介效应,在道德价值对消费和重购行为、目的地口碑推荐行为的中介效应,在文化价值对消费和重购行为、目的地口碑推荐行为的中介效应,P值均为0.000,置信区间均不包含0,表明中介效应均非常显著。

3. 调节效应检验

本研究采用 Cohen 等人推荐的交互项构建来检验调节效应。为了降低多重共线性对研究结果的影响,本研究在计算交互项前对各变量进行了标准化处理。因旅游中饮食消费的体验价值对总体价值的直接效应不成立,故在分析模型的局部调节时,不考虑此部分相关的调节效应,结果如表 4-10 所示。

表 4-10　模型调节效应检验结果表

路　径	路径系数	样本均值	标准差	T 统计量	置信区间	P 值	中介效应
F1 * F8→F7	0.118	0.115	0.114	1.033	(−0.107,0.339)	0.302	不成立
F1 * F9→F7	0.241	0.241	0.112	2.147	(0.0159,0.459)	0.032	成立
F1 * F10→7	−0.306	−0.304	0.127	2.415	(−0.548,−0.058)	0.016	成立
F2 * F8→F7	0.021	0.021	0.095	0.218	(−0.162,0.213)	0.827	不成立
F2 * F9→F7	0.011	0.010	0.090	0.127	(−0.170,0.181)	0.899	不成立
F2 * F10→F7	−0.029	−0.027	0.099	0.290	(−0.220,0.167)	0.772	不成立
F4 * F8→F7	−0.070	−0.069	0.132	0.527	(−0.323,0.197)	0.598	不成立
F4 * F9→F7	−0.228	−0.229	0.112	2.040	(−0.453,−0.007)	0.041	成立
F4 * F10→F7	0.181	0.180	0.134	1.352	(−0.090,0.437)	0.176	不成立
F5 * F8→F7	−0.082	−0.081	0.103	0.797	(−0.283,0.117)	0.425	不成立
F5 * F9→F7	−0.005	−0.002	0.094	0.050	(−0.183,0.1861)	0.960	不成立
F5 * F10→F7	0.050	0.049	0.103	0.484	(−0.155,0.251)	0.628	不成立
F6 * F8→F7	0.035	0.036	0.112	0.315	(−0.184,0.256)	0.753	不成立
F6 * F9→F7	−0.017	−0.015	0.099	0.171	(−0.2089,0.182)	0.864	不成立
F6 * F10→F7	0.093	0.090	0.110	0.848	(−0.130,0.303)	0.397	不成立

注:基于 5000 次 Bootstrap 自主抽样进行标准误估计并提供基于样本修正偏倚加速 95% 的置信区间。

研究发现,旅游中饮食消费价值的内隐价值和旅游成本的交互项对总体价值的影响,P 值为 0.032($<$0.05),置信区间不包含 0,证明旅游中的旅游成本在饮食消费价值的内隐价值对总体价值的影响中存在调节效应。

旅游中饮食消费价值的内隐价值和旅游风险的交互项对总体价值的影响,P 值为 0.016($<$0.05),置信区间均不包含 0,证明旅游中的旅游风险在饮食消费价值的内隐价值对总体价值的影响中存在调节效应。

旅游中饮食消费价值的社会价值和旅游成本的交互项对总体价值的影响,P 值为 0.041($<$0.05),置信区间不包含 0,证明旅游中的旅游成本在饮食消费价值的社会价值对总体价值的影响中存在调节效应。

除上述的调节效应外,旅游中的饮食成本在饮食消费价值中的内隐成本对总体价值的影响中,旅游中的饮食成本、旅游成本、旅游风险在饮食消费价值中的外显成本对总体价值的影响中,旅游中的旅游风险在饮食消费价值中的社会价值对总体价值的影响中,旅游中的饮食成本、旅游成本、旅游风险在饮食消费价值中的道德价值对总体价值的影响中,旅游中的饮食成本、旅游成本、旅游风险在饮食消费价值中的文化价值对总体价值的影响中,P 值均介于 0.628—0.960($>$0.05),置信区间均包含 0,证明均不存在调节效应。

4. 有调节的中介效应检验

这一步主要检验了交互项对各中介效应的影响,具体结果见表 4-11。

表 4-11　模型有调节的中介效应检验结果表

路　径	路径系数	样本均值	标准差	T 统计量	置信区间	P 值	检验结果
F1 * F9→ F7→F11	0.034	0.034	0.017	2.022	(0.002,0.068)	0.043	成立
F1 * F9→ F7→F12	0.014	0.013	0.009	1.563	(−0.000,0.034)	0.118	不成立
F1 * F9→ F7→F13	0.039	0.029	0.019	1.989	(0.003,0.080)	0.047	成立
F1 * F10→ F7→F11	−0.043	−0.043	0.020	2.126	(−0.086,−0.007)	0.034	成立
F1 * F10→ F7→F12	−0.017	−0.017	0.010	1.667	(−0.041,−0.001)	0.096	不成立
F1 * F10→ F7→F13	−0.049	−0.049	0.022	2.203	(−0.095,−0.010)	0.028	成立
F4 * F9→ F7→F11	−0.032	−0.032	0.016	1.932	(−0.068,−0.001)	0.052	不成立
F4 * F9→ F7→F12	−0.013	−0.013	0.009	1.455	(−0.034,0.000)	0.146	不成立
F4 * F9→ F7→F13	−0.037	−0.037	0.019	1.910	(−0.077,−0.002)	0.056	不成立

注:基于 5000 次 Bootstrap 自主抽样进行标准误估计并提供基于样本修正偏倚加速 95% 的置信区间。

研究发现,旅游中饮食消费价值的内隐价值和旅游成本的交互项到消费与重购行为及目的地口碑推荐行为的间接效应,P 值分别为 0.043、0.047($<$0.05),置信区间不包含 0,表明旅游中的旅游成本在饮食消费价值中的内隐价值对消费和重购行为以及目的地口碑推荐行为的间接影响中调节效应成立。

旅游中饮食消费价值的内隐价值和旅游风险的交互项到消费和重购行为的间接效应及目的地口碑推荐行为的间接效应,P 值分别为 0.034、0.028($<$0.05),置信区间不包含 0,表明旅游中的旅游风险在饮食消费价值的内隐价值对消费重购行为以及目的地口碑推荐行为的间接影响中调节效应成立。

除上述 4 条有调节的中介效应外,旅游中饮食消费价值的内隐价值和旅行成本的交互项以及内隐价值和旅游风险的交互项到饮食口碑推荐行为的间接效应,社会价值和旅游成本的交互项到消费和重购行为、美食口碑推荐行为、目的地口碑推荐行为的间接效应,P 值介于 0.052—0.146($>$0.5),表明这 5 条有调节的中介效应均不成立。

4.4　研究小结

旅游中游客感知到的饮食消费价值对购后行为有显著的直接影响。游客在旅游中感受到饮食价值,具体可分为内隐功能价值、外显功能价值、体验价值、社会价值、道德价值、文化价值。购后行为是指和饮食及目的地有关的购后行为,包括饮食消费和重购行为、饮食口碑推荐行为和目的地口碑推荐行为。食物价值和消费行为之间的关系,与营销中的感知价值、满意度、忠诚度和行为意向之间的关系类似。换言之,在旅游中对当地饮食质量的评估,直接影响对当地饮食的忠诚度的评估。游客感知到的当地饮食消费价值越高,就越有可能再次消费当地饮食,并积极主动地推广当地饮食,甚至主动推荐旅游目的地。

旅游中饮食消费总体价值在内隐功能价值、社会价值、道德价值、文化价值对购后行为的影响中存在中介效应。具体而言,旅游中的饮食消费价值先正向影响游客对当地饮食总体价值的感知,接着再影响游客的消费和重购行为、饮食口碑推荐行为以及目的地口碑推荐行为。值得注意的是,旅游中饮食体验价值并不会影响游客对当地饮食总体价值的感知。这可能是因为,相比在当地餐馆享受当地饮食,游客能到参与体验美食节等活动的时机较少。

旅游中饮食消费的总体价值在外显功能价值对消费和重购行为、目的地口碑推荐行为的影响中存在中介效应。总体价值在外显功能价值对饮食口碑推荐行为的影响中不存在中介效应,意味着外显功能价值不会通过总体价值对游客的饮食口碑推荐行为产生影响。而总体价值在外显功能价值对消费和重购行为、目的地口碑推荐行为的中介效应成立,路径系数 P 值均为 0.011,表明外显功能价值可通过总体价值对游客的消费和重购行为、目的地口碑推荐行为产生影响。

旅游中的旅游成本和旅游风险在饮食消费价值的内隐功能价值对总体价值的影响中存在调节效应。研究发现,旅游成本、旅游风险与内隐功能价值的交互项对总体价值影响都显著,表明旅游成本、旅游风险在内隐功能价值对总体价值的影响中均存在调节效应。在此基础上发现,内隐功能价值对总体价值的影响中,同时被旅游成本和旅游风险调节,然后再通过总体价值对游客的消费和重购行为、目的地口碑推荐行为产生影响。

第 5 章　旅游中饮食消费价值的前置影响因素

本章探讨的是前置影响因素对旅游中饮食消费价值的影响。首先对涉及的新概念进行界定,进而依据理论和已有文献提出研究假设。在数据分析中,主要探讨消费者个体因素(即消费者的饮食相关人格特质、与饮食相关的旅游动机)、直接因素(即食物和场景的感官刺激)、情境因素(即家途饮食对比)三个方面因素对不同维度消费者饮食价值感知的影响。与此同时,研究也将进一步检验消费者个体因素在直接因素和情境因素对饮食消费价值的影响中所具有的调节作用。

5.1　概念界定与假设建构

5.1.1　概念界定

本章中涉及的新概念主要有消费者的饮食相关人格特质、与饮食相关的旅游动机、食物和场景的感官刺激、家途饮食对比等。其中,饮食相关人格特质是基于人格特质理论发展起来的关于人们在饮食方面的心理概念,它反映出了内在个人特质对外在一系列与食物相关行为的影响。迄今为止,学界对于什么是饮食相关人格没有统一的概念,多数是用维度特征,也就是人格包含什么来进行界定。事实上,心理学认为特质是基于个体生理系统而形成的内在心理特征,可以外化为个体的程序化行为习惯及思维方式,通常而言特质是稳定的,在不同情境下都表现相似。由此可见,饮食相关人格特质是指个体在饮食方面的稳定心理特征,而外化的行为和思维方式主要是对新奇食物的态度,也就是对新奇或不熟悉食物的拒绝或主动尝试。此外,这种特质也可以表现为消费者对美食的热衷程度。综上,本章将饮食相关人格特质(Food-related Personality Traits)界定为饮食新奇恐惧症和饮食涉入两个维度。

其中,饮食新奇恐惧症这一维度指的是"与杂食探索行为相关的生理天性",也就是消费者更喜欢熟悉的食物而非新奇食物的人格特质。这种特质是比较稳定的,但不同的人会有不同程度的饮食新奇恐惧症。Zaichkowsky 对"涉入"的定义是:个体基于兴趣、需求或价值观感知到的对象相关性,体现的是一种人与物之间的关系。相应地,饮食涉入就是一个人基于自己的兴趣、需求或价值观感知到的与饮食之间的相关性。换言之,在本研究的情境之下,饮食涉入更多指向的是消费者对饮食的稳定和跨情境的兴趣。

动机是个体的一种心理倾向或内部驱力,能够激发和维持某种有导向性的行动。由此可以理解与美食相关的旅游动机,就是个体在旅游中寻求美食的心理倾向或内部驱力及由此引发的行动。这一概念其实反映出了动机研究的两种取向。一种是强调内部驱力,也就是"为什么"。反映到美食旅游上就是驱动旅游者在旅游中寻求美食的动力或者说原因是什么。另一种则是强调心理倾向,反映到美食旅游上就是旅游者在旅游中对美食的倾向和态度。本章中的美食旅游动机采取第二种取向,并不寻求驱力,而是注重旅游者在旅途中对美食的重视程度。

感官刺激(Sensory Stimulation)也称为"感觉刺激",是指作用于个体感官的刺激要素。对于食物的感知是一个动态现象,在进食的过程中会产生不同的感知结果。感官刺激的研究方法能考虑到这个动态的变化,因此越来越多地被运用到用餐体验的研究中(Castura,2018)。从感官的角度来看,旅游者在目的地的饮食消费活动可表现为看、听、嗅、味、触 5 种感官的体验过程。其实与饮食直接相关的感官刺激主要包括看、味和嗅,但饮食消费不仅仅是饮食本身,也包括场景,因此也会涉及听和触两种感觉。所以本章关注的是"食物和场景的感官刺激",即食物及食物消费的场景作用于个人各种感觉器官的刺激要素。

家途饮食对比感知包含两个层次:一是家和途两地饮食之间的对比,这种对比考虑的是消费者从客源地到目的地的旅游过程中对目的地食物的适应性;二是同一种食物在家和途两地的表现差异。不同于其他旅游资源具有不可移动性和不可复制性,美食旅游资源不仅可以在旅游目的地体验到,也有可能在其他地方体验到,比如在游客的客源地,因为美食旅游资源具有可运输、可复制的特点,由此产生了消费者对"正宗"的感知。因此,从家和途的旅游二元情境出发,本章将家途饮食对比的感知分为家乡与目的地的饮食比较和同一饮食的家途比较两个维度。

5.1.2　假设建构

1. 食物和场景的感官刺激对旅游中饮食消费价值的影响

对于食物感官刺激的研究在食品领域早已有之,但将感官刺激与消费者购买相联系,还是源于营销领域研究者的发现。他们认为,通过改变消费者的感官体验,如产品的颜色、气味、手感,可以影响消费者的下意识,进而改变消费者的认知和行为。Krishna 提出的感官营销概念模型展示了感官刺激如何影响消费者的感知和行为。概念模型的最左侧是触发变量,也就是 5 种感官。个体与外界环境进行信息和感知交互的渠道主要就是通过这 5 种感官。当感觉器官感受到外界的刺激时,个体会形成不同的下意识感觉(Sensation),经过脑部感知后,这些感觉就有了意识(Awareness)和了解(Understanding),此时就形成了知觉(Perception)。而知觉是认知、情绪、态度形成的前提,因此最终也会影响到个体的行为。

钟科等指出,在感官营销的 5 个维度中,触感可以分为人际触感、人—产品的触感,以及环境触感。由此可见,对于产品消费而言,感官刺激并不仅仅局限于人—产品之间,也存在于人与情境(环境)之间。其实这一情况并不仅仅体现在触感上,其他四感也具有同样的情况。另外,食物最基本的感知器官是味觉。但味觉并不是一种纯粹的单一感觉,味觉的形成不仅依赖于味蕾捕获的刺激,也依赖嗅觉、触觉等其他感官的协助。由于味觉感官的复杂性和易于被影响的特点,因此对于饮食的消费需要同时调动五感,甚至调用跨感官交互来提升消费者的正面感知(钟科,2016)。

服务主导逻辑理论认为,产品供给者应该从为消费者创造价值开始形成整个服务过程。Grönroos 提出了价值源于使用的概念,也就是说,只有当消费者使用并消费产品的时候,才会为消费者提供价值。在这一理念主导之下,Grönroos 提出消费者是价值共创者,而产品供应者是价值生产的辅助者;甚至产品供应者只是提供了资源,为消费者生产价值提供帮助。研究表明,不同的感知印象可以影响消费者的行为和对产品与服务的感知。比如,Orth 和 Malkewitz(2008)提出,视觉可以发现环境的变化和改变,也是形成对产品感知的最常见感官。在个体的价值创作过程中,需要调动多感官的体验。也就是说多感官体验是支撑个体参加价值创造的前提和基础,而多感官刺激会形成多感官体验。由此可以形成假设 H_5。

H_5:食物和场景的感官刺激会影响旅游中饮食消费价值感知。

2. 家途饮食对比对旅游中饮食消费价值的影响

旅游的本质特征之一是旅游者从客源地向目的地的空间位移,由于环境心理烙印或是惯常文化残余的存在,旅游者深刻的"家"背景会影响其对"途"的感知,而这一观点已经被实证研究所证明(Guan 等,2021)。在 Guan 等(2021)的实证研究中,旅游者对旅游目的地的感知,从衡量绝对值,也就是直接询问旅游者对目的地的属性评价,向衡量比较值转变,也就是询问的是旅游者认为目的地和家乡之间的差异。研究结果表明,旅游者对目的地的评价更多是产生于基于参考点的比较结果,而家乡就是消费者重要的参考点之一,因此要准确地衡量旅游者对目的地属性的感知,应该从家途比较的视角入手。

同样,在消费饮食时,消费者也存在着这样的心理烙印。食物本来就是具有很强烈的地域性。以大兴安岭—贺兰山脉—青藏高原东缘为分界线,这条线北部和西部的地区多为高山、高原,适合发展畜牧业,因此这些地区饮食以肉类和蛋白质为主。而分界线的东南部地区以平原与丘陵为主,适合农作物植物,因此这些地区的饮食结构以米面蔬菜为主(葛倩晖,2021)。不同地域的旅游者在流动过程中,虽然可能对不同于日常饮食的食物产生新奇感,也有可能会因为不熟悉、不安全或者缺乏原有文化支撑,而产生不可食的印象。比如,没有食兔、食狗、食驴、食虫文化地区的游客,就很难理解这些食物是可食用的;同样,不嗜辣地区的游客,一时间也很难习惯重度麻、辣等口感。因此,目的地饮食和家乡饮食的差异,会影响到旅游者对目的地美食的价值评估。

此外,作为旅游资源,饮食具有特殊性。它是一种可复制、可传播的旅游资源。旅游者不仅可以在旅游目的地消费到当地美食,也有可能在家乡品尝到这种美食,通过网购或者这种美食被引入旅游者家乡,从兰州拉面、沙县小吃,到川菜、火锅,再到新疆切糕、西班牙火腿都可以在家里品尝到。由此就引发了一个问题,在家里吃到这些旅游目的地的美食,会不会让消费者更想到目的地去品尝"正宗"的美食? 对这些美食的提前体验会否影响消费者在目的地对美食的评价?

这里就涉及一个重要的营销学变量——过去经验。尽管影响程度因产品类别和个人而异,但过去经验已被验证可强烈影响消费者对产品和服务的感知。消费者的感知产生于两种输入共同作用的结果:一是物理刺激,通常通过感官形成;另一个是个体的先前经验。过去经验对知觉的影响主要通过知识累积产生。不正确或不充分的知识可能会导致消费者对产品产生偏见。从过去经验中产生的知识决定了消费者在决策过程中对信息量和类型的需求。对产品有足够经验的消费者在处理与产品相关的信息时需要付出的努力较少,并且可能会用不同方法来评估产品。

过去经验是人们需求和动机的来源之一。以葡萄酒旅游为例,Mitchell 等指出,葡萄酒旅游的意向参与可以通过两种过去经验来激发:一种是来自葡萄酒目的地的葡萄酒产品体验,因为葡萄酒是一种有形的、可运输的、耐用的产品,可以在目的地的地理范围之外体验;另一种是以往到任何酒庄或葡萄酒目的地旅行的经历。而消费者的感知与他们的动机和需求之间是显著相关的。人们倾向于感知他们需要或想要的东西,会对与其需求相关的刺激有更高的认识,而忽略无关的刺激。休闲研究表明,对一项活动或一种环境的过去经验会极大地影响参与者对特定休闲活动的涉入和承诺。这可能是由于先前体验可以增加对产品的熟悉度,降低参与者的风险感知。这种熟悉感为消费者提供了重购产品的信心,过去经验和口碑推荐可以减少不熟悉所带来的不确定性。有过往经历的消费者会降低对风险的认知,更容易形成积极的态度。

再者,个人过去经验形成了作为未来看法基准的期望。以餐厅就餐为例,有经验的外出就餐顾客可以熟练地生成餐厅各种属性评价信息,而新手顾客可能想法有限。过去经验的缺乏使得评估过程更加困难。常客和新客在对餐厅的评价上存在着显著差异。餐馆常客会基于产品和服务属性,以及过往经历,形成修正的期望值,并形成关于质量、价值和满意度的感知。综上所述,可以形成研究假设 H_6 和 H_7。

H_6:家乡和目的地饮食的比较会影响旅游者饮食消费价值感知。

H_7:同一饮食的家途比较会影响旅游者饮食消费价值感知。

3. 饮食相关人格特质对饮食消费价值的影响

Pliner 和 Hobden 提出了饮食新奇恐惧症的概念,认为饮食新奇恐惧症是人格的一部分,并提出了测量工具。研究表明,饮食新奇恐惧症或饮食新奇追寻症是一个比较稳定和可测量的人格特质。饮食新奇追寻症的消费者明显比饮食新奇恐惧症的消费者对所有的食物更具有偏好性。具有饮食新奇恐惧症的消费者更倾向于选择和购买自己所熟悉的奶酪,而且具有饮食新奇恐惧症的消费者对奶酪的期望和评价也更低。在旅游研究中,也发现与饮食相关的人格特质是影响旅游者饮食消费的重要因素之一(Mak 等,2012)。

研究大部分的旅游者具有饮食新奇追寻症而非饮食新奇恐惧症,也就是说,大部分的旅游者还是很愿意尝试新的食物。而且来自不同地区的游客在饮食新奇恐惧症上并没有太大的区别。游客的饮食新奇恐惧症对他们的饮食消费行为具有较为显著的影响。具有饮食新奇恐惧症的游客不太愿意消费当地食物,因此饮食新奇恐惧症越高的消费者越少购买当地传统的食物(Sivrikaya 和 Pekersen,2020)。相应地,饮食相关人格还会影响旅游者的满意度和忠诚度。Kim 等的研究就表明饮食新奇恐惧症可以影响消费者对旅游目的地食物体验的满意度,饮食新奇恐惧症程度越高的消费者越可能对饮食体验形成正向的忠诚度。

饮食涉入表明消费者对饮食的兴趣。不同涉入程度的消费者往往对同一类型的特殊兴趣活动具有不同程度的偏好。因此,饮食涉入越高的消费者对于饮食消费程度的兴趣就会越高。在检验对于目的地满意度的时候发现,动机、服务质量和涉入度是目的地满意度的良好预测指标。涉入度越高的游客对于他们的体验越满意,再次参加目的地节事活动的意愿也越高。Prebensen 等的实证研究指出,游客的动机、涉入性会影响到他们对旅游目的地的体验价值。因此,游客的动机和涉入性都是游客生成目的地体验价值的前因。由此,可以得出假设 H_8—H_{10}。

H_8:饮食新奇恐惧症对旅游中饮食价值感知具有影响。

H_9:饮食涉入对旅游中饮食价值感知具有影响。

H_{10}:与饮食相关的旅游动机对旅游中饮食价值感知具有影响。

饮食新奇恐惧症对于消费者的行为还具有调节作用。Kang 和 Jeong 指出饮食新奇恐惧症在食物消费和健康担忧之间扮演着调节变量的角色。Eertmans 等的研究则指出饮食新奇恐惧症在食物选择动机和进食之间具有调节作用。类似地,饮食新奇恐惧症在食物选择动机和对待有机食物的态度之间也具有调节作用。进一步地,Lee 等(2020)的研究表明饮食新奇恐惧症对于体验质量、旅游目的地形象感知、生活满意度和口碑推荐都具有调节作用。这种调节作用也出现在游客对目的地形象的认知和目的地的访问意愿关系之间(Lai 等,2020)。

涉入度与消费者体验之间具有密切的联系。Gentile 等在提到消费者体验的时候就指出,"消费者的体验是非常个性化的,表达的是消费者不同程度的涉入"。不少研究表明,具有高涉入度的消费者更容易形成高质量的消费者体验。在消费者和品牌的关系中,消费者的涉入度是一个非常重要的调节变量,它会调节和影响消费者体验与其忠诚度之间的关系。Chen 和 Tsai 检验了感知价值、满意度和忠诚度之间的关系。他们认为,感知价值会影响到满意度和忠诚度,而涉入度在感知价值、满意度和忠诚度之间具有显著的调节作用。涉入度越高的消费者越可能感受到较高的价值并形成较高的忠诚度。由此,可以形成假设 H_{11}—H_{14}。

H_{11}:饮食新奇恐惧症在家途饮食对比和旅游中饮食价值感知之间有调节作用。

H_{12}:饮食涉入在家途饮食对比和旅游中饮食价值感知之间有调节作用。

H_{13}:饮食新奇恐惧症在食物和场景的感官刺激和旅游中饮食价值感知之间有调节作用。

H_{14}:饮食涉入在食物和场景的感官刺激和旅游中饮食价值感知之间有调节作用。

5.1.3　理论模型

基于上述研究假设,构建旅游中饮食消费价值的前置影响因素模型。在这一模型中,游客在现场感受到的食物和场景的感官刺激会让游客对饮食消费价值的感知形成直接影响。深印在游客脑海中的家乡饮食,会在游客感知目的地饮食的过程中,作为参考点,对游客饮食消费价值感知产生直接影响。游客固有的饮食相关人格和与饮食相关的动机,不仅会直接影响他们对饮食消费价值感知,而且也会在其他前置因素的影响过程中起到调节作用(见图 5-1)。

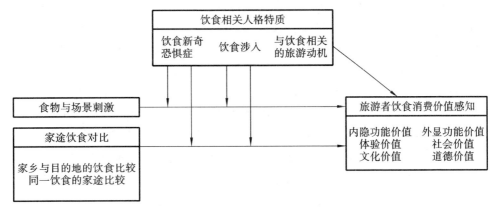

图 5-1　旅游中饮食消费价值的前置影响因素模型

5.2　研 究 过 程

5.2.1　测量工具

对旅游中饮食消费价值的评估受到多重前置因素的影响,既有消费者个体因素和直接因素,也有相关的情境因素。其中,个体因素主要是指消费者的饮食相关人格特质和与美食相关的旅游动机;直接因素则指的是食物和场景的感官刺激;情境因素则体现在消费者对家途饮食的对比。

1. 消费者的饮食相关人格特质

饮食相关人格特质主要描绘了消费者对饮食所持有的态度,这一特质能对消费者广泛的饮食相关行为产生影响(Mak 等,2016)。不同学者提出了饮食相关人格特质的不同维度,比如 Ji 等认为饮食相关人格特质包括饮食新奇恐惧症和饮食新奇追寻症两个维度。但也有学者认为恐惧症和追寻症是同一心理特征的两端,而并非两个维度。因此,Mak 等(2016)提出饮食相关人格特质包括饮食新奇恐惧症和追求多样性。其中,第一个维度体现了消费者对新奇食物的心理,而第二个维度体现了消费者对食物多样性的接受程度。Sivrikaya 和 Pekersen(2020)则认为,与饮食新奇恐惧症相对应的另一个维度是寻求刺激,也就是说具有新奇恐惧症的消费者是保守的,而与之相对应的心理特质是开放的。Kim 等的研究中,饮食相关人格特质包含饮食新奇恐惧症和饮食涉入两个维度。在这一分类中,饮食新奇恐惧症代表的是消费者是否愿意尝试新食物或者是不熟悉的食物;而饮食涉入衡量的是消费者是否喜欢饮食消费。两者之间有关联但并不完全重合,因为热爱美食的消费者可能会在舒适圈内享受美食,而热衷新奇食物的消费者也许只是为了表示自己的勇敢,并非热爱美食。

目前,对于饮食相关人格特质的测量,比较成熟的测量工具主要是从饮食新奇恐惧症和饮食新奇追寻症入手。其中,饮食新奇恐惧症是指个人不喜欢尝试新的或不熟悉食物的倾向,饮食新奇追寻症是指个体喜欢尝试新奇食物的倾向。Ji 等用喜欢新的食物、喜欢家乡美食两个条目测量了饮食新奇恐惧症和饮食新奇追寻症。而 Wolff 和 Larsen 则采用了更一般性的测量条目,比如"我不相信新食物""我喜欢尝试新风味餐厅"等,适用于更多的场景。Kim 等在对饮食新奇恐惧症的衡量上,与 Wolff 和 Larsen 有异曲同工之处,也使用"我通常不吃我不熟悉的食物"等自陈式说法;与此同时,也会采用反义说法,比如"我喜欢来自不同文化的食物"。

关于饮食涉入的维度,Kim 等认为,具有高涉入度的消费者会更喜欢新的饮食体验,也就是饮食新奇追寻症。因此,在构建测量工具时,Kim 等主要考虑的是"在旅行中,我最期待的是享用当地的美食""谈论我的饮食是一件喜欢做的事"等。其实,在不少的饮食研究中,都提出消费者对饮食的涉入度是区别游客饮食消费行为异质性的重要指标,它标志着消费者对食物的兴趣(Guan 等,2015)。基于 Zaichkowsky 经典的涉入度理论,Guan 等(2015)提出了对于地方饮食的涉入度量表,该量表采取的是双向语义量表,题项为"对我而言,品尝地方美食和做与地方美食相关的活动,如看美食节目、参加美食节或阅读美食文章,是……",而答项是对"愉悦、有趣"等 6 个形容词进行评估。

2. 与饮食相关的旅游动机

旅游中的饮食消费动机被认为是了解旅游者饮食消费的重要因素(Mak,2018)。大量的研究探索了旅游者为什么要在旅行当中享用美食。比较重要的几类动机有以下几种。Kim 等提出的 9 项动机,包括令人兴奋的体验、逃离日常、健康考虑、学习知识、真实体验、交流、感官吸引、实体环境和声誉。而 Chang 等认为 Kim 等的研究仅仅考虑了消费当地美食的动机,但事实上,消费者在国际旅行的环境中并不完全希望享用当地食物,也希望能品尝自己熟悉的餐食,而且品尝不同类型的食物具有不同的动机。Mak 等(2013)提出了象征意义、必需任务、不同于日常的体验、日常体验衍生和寻求愉悦 5 种类型的动机,涵盖了不同类型的游客和不同的目的地饮食消费目的。多维角度的旅游者饮食消费动机探索有助于了解消费者的多角度需求,但有时候为了了解旅游者是否会为了美食而旅行,即"美食是否作为旅行的主要动机"这一核心问题,需要有更简单的衡量方式。为了回答这一问题,可以通过比例判断饮食在旅游者出游动机中的占比。表 5-1 是消费者个体因素量表。

表 5-1　消费者个体因素量表

条　　目	选　　项
饮食新奇恐惧症	
我经常品尝新的和不同的食物	非常认同(5)—非常不认同(1)
我喜欢来自不同文化的食物	非常认同(5)—非常不认同(1)
我会尝试新的风味餐厅	非常认同(5)—非常不认同(1)
我通常不吃我不熟悉的食物	非常认同(5)—非常不认同(1)
我害怕食用我从来没有吃过的食物	非常认同(5)—非常不认同(1)
饮食涉入	
对我而言,品尝地方美食和做与地方美食相关的活动,如看美食节目、参加美食节或阅读美食文章,是……	非常有趣的(5)—非常无趣的(1)
	非常有吸引力(5)—非常没有吸引力(1)
	非常令人兴奋(5)—非常无聊(1)
	非常使人激动(5)—非常平淡(1)
	非常珍惜的(5)—非常不重要的(1)
	非常希望拥有(5)—非常无所谓(1)
	非常愉悦(5)—非常难受(1)
消费当地食物占整个旅游动机的比例	80%—100%　(5) 60%—79%　(4) 40%—59%　(3) 20%—39%　(2) 0%—19%　(1)

3. 食物和场景的感官刺激

感官是人类感知世界、与世界互动的方式,感官联结了人与外部世界,进而才会产生身体内的思考。原有的认知理论一般建立在"身心二元分离"的指导思想之上,只关注到了"心",却缺乏对"身"的考虑。具身理论的出现打破了"身心二元分离"的认知,旗帜鲜明地强调人的生理感官和心理认知之间是紧密相连的。人们对世界的认知其实质是感官刺激信号在人们大脑中的记录,这是所有刺激解释和认知加工的内在起点。

对消费者体验的研究表明,创造具有多感官协同一致的环境对于提升和塑造消费者价值具有积极效应。因此,感官刺激被认为是重要的营销工具,需要加以重视。在对味觉做专门性研究后,人们发现味觉是一种非常情绪化的感觉,极易受内部的其他感觉线索和外部情境线索影响,比如品牌、标签、就餐环境、包装等的影响(赖天豪和张全成,2017)。而且味觉可以影响人们对道德的厌恶情绪,甜味可以提升人们的亲社会行为。同样研究表明,背景音乐音量小会促使消费者选择健康食品,而背景音乐音量大则会促使消费者消费更多不健康食品(王淯钰,2020)。就嗅觉而言,人体每天的情绪有75%是由气味所导致的(Bryon,2013),很多消费者能够明确感知到环境气味对他们的情绪产生了影响,并进而影响了购物行为(张立和尹晶,2020)。基于对在线外卖平台食物的研究,姜宝山和孟迪(2019)发现,味觉刺激会影响满意度和重复购买意愿,而视觉刺激会影响满意度。并且这一研究提供了针对味觉刺激和视觉刺激的测量工具,比如"平台上的外卖食品看上去是否吸引人""平台上的外卖食品吃起来是否可口"。

考虑到饮食消费主要是味觉、视觉、嗅觉的刺激,因此借鉴姜宝山和孟迪(2019)的研究,以下构建了味觉刺激、视觉刺激和嗅觉刺激的题项;同时,有学者认为只有气味与产品一致的时候才能引发购买,因此在嗅觉刺激中增加了一致性的题项。对饮食消费而言,听觉的刺激较少。少量食物在品尝时会发出声音,但餐厅的背景音乐已经被证明对饮食消费有重要影响,因此听觉刺激里包含食物和场景两个方面。同样在触觉上,饮食的触觉主要来源于餐具,因此将餐具的触感纳入感官刺激。表5-2是食物和场景的感官刺激量表。

表 5-2 食物和场景的感官刺激量表

味觉刺激	
目的地的美食吃起来是否可口	非常可口(5)—非常糟糕(1)
目的地的美食吃起来味道如何	非常好吃(5)—非常难吃(1)
视觉刺激	
目的地的美食看上去是否吸引人	非常吸引人(5)—非常不吸引人(1)
目的地的美食看上去是否让人有食欲	非常有食欲(5)—非常没有食欲(1)
嗅觉刺激	
目的地的美食闻起来是否令人舒畅	非常舒畅(5)—非常不舒服(1)
目的地的美食闻起来是否让人有食欲	非常有食欲(5)—非常没有食欲(1)

续表

目的地的美食一闻就有食物的香味	非常认可(5)—非常不认可(1)
听觉刺激	
品尝美食时发出的声音很悦耳	非常有食欲(5)—非常没有食欲(1)
用餐场所的背景音乐恰到好处	非常认可(5)—非常不认可(1)
用餐场所的声音是否嘈杂	非常嘈杂(5)—非常不嘈杂(1)
触觉刺激	
食物餐盘(包装材料)的触感舒服	非常认可(5)—非常不认可(1)

4. 家和途的饮食对比

以往对过去经验的研究主要是考虑消费者、参与者对某一事物的使用频率和使用数量。比如,Williams 等在研究漂流爱好者时依据被调查者漂流的次数、漂流的河流数量,以及与漂流相关的旅行次数为依据,划分出新手、初学者、有经验的人和专家等类型。同样,Hammitt 和 McDonald 依据总漂流年数、每个夏季的漂流频率、采样的漂流年数和漂流频率,划分出低、中、高三类漂流者。这一方式也被用于骑马爱好者、冒险旅游爱好者的划分。

这种方式能够比较实际地衡量个体在某个产品或事件上的已有经历,但也存在一些问题。比如,实际衡量的结果与用户的自我评价不一致;次数和频率如何转化为经验的衡量具有一定的随意性。以多少次为阈值划分有经验和没有经验的参与者,往往取决于研究者的直觉。因此,也有研究建议以体验评价来衡量参与者的过往经历。Kempf 提出了一种衡量产品整体过往体验的连续量表,也就是问"您如何评价该产品的过往使用体验?"。而答项包括"坏的""不好的""好的"。同样的方法也被 Sparks 用在衡量游客过往的葡萄酒度假体验上。

研究表明,基于某一事物使用频率和使用数量的过往经历测量,往往会过于离散。相对而言,基于体验评估的过往经历更适合用于测量过往经验,测量结果更为稳定。因此,对于家途饮食对比的测量也采取连续型体验测量的方式。再者,依据 Guan 等(2021)的建议,在考虑家途对比视角的旅游目的地研究中,可以就旅游者对旅游目的地的各个属性进行对比研究。综上,在测量消费者对家与途的饮食感知时,也采取连续对比的视角。也就是说,一是要求消费者对目的地饮食和家乡饮食、同一饮食在目的地和客源地的表现进行对比,二是要求消费者就两者之间的差异从非常小—非常大进行对比。

表 5-3　家途饮食对比

杭州饮食与家乡饮食对比	
杭州饮食与家乡饮食的风味差别	非常大(5)—非常小(1)
杭州饮食与家乡饮食的食材差别	非常大(5)—非常小(1)
杭州饮食与家乡饮食的烹饪做法差别	非常大(5)—非常小(1)
目的地饮食在客源地的表现	
常住地尝过的杭帮菜,与在杭州品尝的杭帮菜风味差别	非常大(5)—非常小(1)
常住地尝过的杭帮菜,与在杭州品尝的杭帮菜菜品差别	非常大(5)—非常小(1)
常住地尝过的杭帮菜,与在杭州品尝的杭帮菜的用餐环境差别	非常大(5)—非常小(1)
常住地尝过的杭帮菜,与在杭州品尝的杭帮菜文化内涵差别	非常大(5)—非常小(1)

5.2.2　预测试

1. 数据收集过程

本部分研究以杭州作为研究的目的地。杭州作为中国著名的旅游城市之一,在 2020 年前年游客接待量超过 20276 万人次。即使受新冠肺炎疫情影响,2021年上半年杭州也接待游客 4840 万人次。庞大的游客基数,为调研杭州游客的饮食消费感知提供了选样的便利。整个调查于 2021 年 9 月在杭州展开,采用等距抽样法在杭州的美食街和餐厅对游客进行问卷调查。成年中国游客被纳入受访范围。问卷采取街头拦截和进餐厅调查两种方式。在街头的调查采取等距拦截抽样,每 3 位游客就会有一位被邀请,在确定受邀者为来杭游客后继续问卷。在餐厅内的调查,则是间隔数桌邀请参与问卷。在整个问卷中,关于影响饮食消费价值感知的前置因素主要安排在问卷的第二部分和第三部分。

2. 样本描述性统计分析

通过问卷发放、收集与整理,最终获得有效问卷 1197 份,有效数据的人口统计特征如表 5-4 所示。

表 5-4　样本特征

变　　量	类　　别	总　人　数	占比/(%)
性别	男	615	51.4
	女	582	48.6
年龄	18—24	266	22.2
	25—34	427	35.7
	35—44	462	38.6
	45 岁及以上	42	3.5
受教育水平	初中及以下	323	27.0
	高中/职高	522	43.6
	大专/本科	250	20.9
	硕士研究生	69	5.8
	博士研究生及以上	33	2.8
月可支配收入	2000 元以下	274	22.9
	2001—4000 元	169	14.1
	4001—6000 元	321	26.8
	6001—8000 元	241	20.1
	8001—10000 元	132	11.0
	10000 元以上	60	5.0

3. 信度和效度检验

量表的质量由内在质量和外在质量共同体现。内在质量表现在信度和效度上,其中效度分为内容效度、聚合效度和区分效度;外在质量主要体现在整体模型的拟合程度上,由各类模型适配度指标加以衡量。

研究采用 SPSS 23.0 软件对问卷数据进行可靠性分析,以检验问卷的信度。分析结果显示,问卷整体的 Cronbach's α 为 0.995,且饮食新奇恐惧症、饮食涉入、食物与场景的感官刺激、家乡和目的地的饮食比较、同一饮食的家途比较、内隐功能价值、外显功能价值、体验价值、社会价值、文化价值、道德价值的 Cronbach's α 分别为 0.953、0.967、1.000、0.921、0.942、0.946、0.927、0.929、0.967、0.926、0.943,均满足大于 0.7 的要求,这说明调查问卷收集到的数据结果一致,该问卷具有较好的内部一致性。

在内容效度上,本部分研究采用的量表一部分来自国内外研究者已开发的成熟量表,一部分则源于前几章研究中开发出的量表,参考相关专家的意见后确定最终量表。在遵从题项本意不变的原则上,对量表题项稍加改动,便于被试者理解,各题项均能准确反映变量。因此,研究量表具有较好的内容效度。研究采用AMOS 23.0软件对样本数据进行聚合效度和区分效度检验。在聚合效度方面,饮食新奇恐惧症、饮食涉入、食物与场景的感官刺激、家乡和目的地的饮食比较、同一美食的家途比较、内隐功能价值、外显功能价值、体验价值、社会价值、文化价值以及道德价值11个变量对应各题项的因子载荷均大于0.8。因此,在整体上每个变量对其所属的题项都具有非常高的代表性。同时,各个变量的平均提取方差值(AVE)均大于0.5,组合信度(CR)均大于0.8,说明各变量的内部结构具有较高的一致性。总的来说,调查数据中各变量的题项具有良好的聚合效度。具体的指标值如表5-5所示。

表5-5　聚合效度检验结果

路　　径			Estimate	AVE	CR
我害怕食用我从来没有吃过的食物	←	X1	0.897		
我通常不吃我不熟悉的食物	←	X1	0.901		
我会尝试新的风味餐厅	←	X1	0.893	0.802	0.953
我喜欢来自不同文化的食物	←	X1	0.888		
我经常品尝新的和不同的食物	←	X1	0.899		
触觉刺激	←	X4	0.9		
听觉刺激	←	X4	0.961		
嗅觉刺激	←	X4	0.961	0.888	0.975
视觉刺激	←	X4	0.942		
味觉刺激	←	X4	0.945		
对我而言,品尝地方美食和做与美食相关的活动,如看美食节目、参加美食节或阅读美食文章,是……	非常希望拥有	←	X2	0.893		
	非常珍惜的	←	X2	0.897		
	非常使人激动	←	X2	0.898		
	非常令人兴奋	←	X2	0.895	0.807	0.967
	非常有吸引力	←	X2	0.901		
	非常有趣的	←	X2	0.905		
	非常愉悦	←	X2	0.901		

续表

路　　径			Estimate	AVE	CR
当地美食是绿色健康的	←	F1	0.9		
当地美食是当季而食、新鲜的	←	F1	0.971	0.902	0.965
当地美食能提供良好的营养	←	F1	0.902		
当地美食色香味俱全	←	F2	0.896		
用餐场所卫生舒适	←	F2	0.899	0.808	0.926
用餐场所装修装饰有特色	←	F2	0.902		
能参与美食制作的过程	←	F3	0.902		
享受当地美食时,能与表演者进行交流互动	←	F3	0.901	0.814	0.929
享受当地美食时,我不介意直接参与表演	←	F3	0.904		
享受当地美食让我更容易被他人接受	←	F4	0.901		
享受当地出名的美食时,使得我觉得自己有了更高的社会地位	←	F4	0.899		
享受了当地美食,使我能向他人分享美食旅游体验	←	F4	0.895		
一起享受当地美食,使得我与旅伴的关系更加亲密	←	F4	0.902	0.808	0.967
一起享受当地美食,使我与其他游客有良好的互动	←	F4	0.899		
在用餐期间与当地美食经营者良好互动	←	F4	0.902		
参加美食活动时(就餐、参加美食节等)与当地居民和谐互动	←	F4	0.896		
我体验的当地美食很有老底子的味道	←	F5	0.898		
我体验了当地传统的美食	←	F5	0.903	0.807	0.926
我体验的当地美食,具有丰富的文化内涵	←	F5	0.894		
享受当地美食,是一个学习美食知识的机会	←	F6	0.899		
通过享受当地美食,我能提高对不同文化的理解	←	F6	0.898		
通过享受当地美食,我能提升对当地饮食文化的认识	←	F6	0.893	0.806	0.943
消费当地美食时,要具有节约食物的意识	←	F6	0.901		

续表

路　　径			Estimate	AVE	CR
杭州美食与家乡饮食的风味差别	←	X5	0.897		
杭州美食与家乡饮食的食材差别	←	X5	0.888	0.796	0.921
杭州美食与家乡饮食的烹饪做法差别	←	X5	0.892		
常住地尝过的杭帮菜,与在 杭州品尝的杭帮菜风味差别	←	X6	0.894		
常住地尝过的杭帮菜,与在 杭州品尝的杭帮菜菜品差别	←	X6	0.901		
常住地尝过的杭帮菜,与在 杭州品尝的杭帮菜用餐环境差别	←	X6	0.890	0.802	0.942
常住地尝过的杭帮菜,与在 杭州品尝的杭帮菜文化内涵差别	←	X6	0.896		

注:X1——饮食新奇恐惧症;X2——饮食涉入;X4——食物和场景的感官刺激;X5——家乡和目的地的饮食比较;X6——同一美食的家途比较;F1——内隐功能价值;F2——外显功能价值;F3——体验价值;F4——社会价值;F5——文化价值;F6——道德价值。

在区分效度方面,数据分析结果(见表5-6)显示,饮食新奇恐惧症、饮食涉入、食物和场景的感官刺激、家乡和目的地的饮食比较、同一饮食的家途比较、内隐功能价值、外显功能价值、体验价值、社会价值、文化价值以及道德价值两两之间的相关性都显著,并且各变量彼此之间的相关性系数均小于平均提取方差值(AVE)的平方根,这说明各变量又存在一定的区分度。由此可知,量表数据具有较为理想的区分效度。

4. 整体模型拟合度检验

为了检验整体模型的拟合度,研究采用 AMOS 26.0 软件分析结构模型,对绝对适配度和增值适配度的各项拟合度指标加以检验,分析结果如表 5-7 所示。在绝对适配度方面,卡方值(χ^2)为 1467.710,自由度(df)为 979,卡方自由度比值(χ^2/df)为 1.499,满足小于 3 的要求;近似均方根误差(RMSEA)为 0.020,小于0.08;标准化残差均方根(SRMR)为 0.015,满足小于 0.05 的标准。在增值适配度方面,NFI(0.984)、IFI(0.995)、RFI(0.982)和 CFI(0.995)均满足大于 0.90 的标准。由上述分析可知,本研究提出的假设模型具有良好的拟合度。

表 5-6　区分效度检验结果

	X1	X2	X4	X5	X6	F1	F2	F3	F4	F5	F6
X1	0.802										
X2	0.826***	0.807									
X4	0.805***	0.812***	0.888								
X5	0.810***	0.819***	0.792***	0.796							
X6	0.793***	0.801***	0.781***	0.789***	0.802						
F1	0.883***	0.889***	0.871***	0.875***	0.856***	0.902					
F2	0.799***	0.810***	0.786***	0.794***	0.777***	0.863***	0.808				
F3	0.797***	0.801***	0.781***	0.785***	0.773***	0.858***	0.778***	0.814			
F4	0.793***	0.801***	0.781***	0.784***	0.771***	0.856***	0.775***	0.770***	0.808		
F5	0.822***	0.828***	0.814***	0.815***	0.800***	0.886***	0.806***	0.801***	0.799***	0.807	
F6	0.786***	0.791***	0.772***	0.776***	0.761***	0.846***	0.766***	0.765***	0.760***	0.787***	0.806
AVE 平方根	0.896	0.898	0.942	0.892	0.896	0.950	0.899	0.902	0.899	0.898	0.898

注:X1——饮食新奇恐惧症;X2——饮食涉入;X4——食物和场景的感官刺激;X5——家乡和目的地的饮食比较;X6——同一饮食的家途比较;F1——内隐功能价值;F2——外显功能价值;F3——体验价值;F4——社会价值;F5——文化价值;F6——道德价值;***表示 $P<0.001$,对角线上的数值代表平均提取方差值(AVE)平方根,对角线下方的数值代表变量间的相关系数。

表 5-7　整体模型拟合度检验结果

拟合度指标	绝对适配度			增值适配度			
	χ^2/df	RMSEA	SRMR	NFI	IFI	RFI	CFI
标准	<3	<0.08	<0.05	>0.9	>0.9	>0.9	>0.9
检验结果	1.499	0.020	0.015	0.984	0.995	0.982	0.995

5. 假设模型检验

（1）主效应检验

研究采用 SPSS 23.0 对变量进行了多元线性回归分析,测量了模型的路径系数,检验了研究假设。

由数据分析结果可以得知,饮食新奇恐惧症、饮食涉入、食物与场景的感官刺激、家乡和目的地的饮食比较、同一饮食的家途比较与旅游者的饮食消费内隐功能价值感知的路径系数分别为 0.198、0.244、0.221、0.164、0.161,P 值均小于 0.001,因此均具有显著正向影响,研究假设 H_5a、H_6a、H_7a、H_8a、H_9a 成立。与饮食相关的旅游动机与内隐功能价值的路径系数是 -0.010,P 值大于 0.1,所以与饮食相关的旅游动机负向影响内隐功能价值,但不显著,假设 $H_{10}a$ 不成立。

饮食新奇恐惧症、饮食涉入、食物与场景的感官刺激、家乡和目的地的饮食比较、同一饮食的家途比较与旅游者的饮食消费外显功能价值感知的路径系数分别为 0.126、0.210、0.401、0.086、0.150,P 值均小于 0.001,因此均具有显著正向影响,研究假设 H_5b、H_6b、H_7b、H_8b、H_9b 成立。

与饮食相关的旅游动机与外显功能价值的路径系数是 -0.008,P 值大于 0.1,所以与饮食相关的旅游动机负向影响外显功能价值,但不显著,假设 $H_{10}b$ 不成立。

同理可得,饮食新奇恐惧症、饮食涉入、食物与场景的感官刺激、家乡和目的地的饮食比较、同一饮食的家途对比正向显著影响旅游者的饮食消费体验价值感知,研究假设 H_5c、H_6c、H_7c、H_8c、H_9c 成立,与饮食相关的旅游动机对体验价值影响不显著,假设 $H_{10}c$ 不成立。

饮食新奇恐惧症、饮食涉入、食物与场景的感官刺激、家乡和目的地的饮食比较、同一饮食的家途比较正向显著影响旅游者的饮食消费社会价值感知,研究假设 H_5d、H_6d、H_7d、H_8d、H_9d 成立,与饮食相关的旅游动机对社会价值影响不显著,假设 $H_{10}d$ 不成立。

饮食新奇恐惧症、饮食涉入、食物与场景的感官刺激、家乡和目的地的饮食比较、同一饮食的家途比较正向显著影响旅游者的饮食消费文化价值感知,研究假

设 H_5e、H_6e、H_7e、H_8e、H_9e 成立,与饮食相关的旅游动机对文化价值影响不显著,假设 H_{10}e 不成立。

饮食新奇恐惧症、饮食涉入、食物与场景的感官刺激、家乡和目的地的饮食比较、同一饮食的家途比较正向显著影响旅游者的饮食消费道德价值感知,研究假设 H_5f、H_6f、H_7f、H_8f、H_9f 成立,与美食相关的旅游动机对道德价值影响不显著,假设 H_{10}f 不成立。

以上具体的路径系数值和检验指标如表 5-8 所示。

总的来说,假设 H_5、H_6、H_7、H_8、H_9 成立,假设 H_{10} 不成立。也就是说,当食物与场景的感官刺激越强烈,家途美食对比越强烈,或者旅游者的饮食新奇恐惧感和饮食涉入感越强烈时,旅游者的饮食消费价值感知都会更强烈。

表 5-8　模型路径检验结果

路　径			标准化路径系数	T 值	假设检验
H_8a 饮食新奇恐惧症	→	F1	0.198***	6.671	成立
H_9a 饮食涉入	→	F1	0.244***	7.410	成立
H_{10}a 与美食相关的旅游动机	→	F1	−0.010	−1.428	不成立
H_5a 食物与场景的感官刺激	→	F1	0.221***	5.923	成立
H_6a 家乡和目的地的美食的比较	→	F1	0.164***	6.778	成立
H_7a 同一美食的家途比较	→	F1	0.161***	5.867	成立
H_8b 饮食新奇恐惧症	→	F2	0.126***	3.620	成立
H_9b 饮食涉入	→	F2	0.210***	5.450	成立
H_{10}b 与美食相关的旅游动机	→	F2	−0.008	−0.945	不成立
H_5b 食物与场景的感官刺激	→	F2	0.401***	9.194	成立
H_6b 家乡和目的地的饮食比较	→	F2	0.086**	3.047	成立
H_7b 同一饮食的家途比较	→	F2	0.150***	4.666	成立
H_8c 饮食新奇恐惧症	→	F3	0.215***	6.112	成立
H_9c 饮食涉入	→	F3	0.275***	7.029	成立
H_{10}c 与饮食相关的旅游动机	→	F3	−0.002	−0.267	不成立
H_5c 食物与场景的感官刺激	→	F3	0.307***	6.940	成立
H_6c 家乡和目的地的饮食比较	→	F3	0.093**	3.240	成立
H_7c 同一饮食的家途比较	→	F3	0.082**	2.521	成立
H_8d 饮食新奇恐惧症	→	F4	0.175***	7.329	成立
H_9d 饮食涉入	→	F4	0.255***	9.637	成立

续表

路　　径			标准化路径系数	T值	假设检验
H_{10}d 与饮食相关的旅游动机	→	F4	0.001	0.102	不成立
H_5d 食物与场景的感官刺激	→	F4	0.331***	11.038	成立
H_6d 家乡和目的地的饮食比较	→	F4	0.125***	6.446	成立
H_7d 同一饮食的家途比较	→	F4	0.110***	4.977	成立
H_8e 饮食新奇恐惧症	→	F5	0.166***	4.916	成立
H_9e 饮食涉入	→	F5	0.264***	7.074	成立
H_{10}e 与饮食相关的旅游动机	→	F5	−0.006	−0.752	不成立
H_5e 食物与场景的感官刺激	→	F5	0.208***	4.924	成立
H_6e 家乡和目的地的饮食比较	→	F5	0.193***	7.021	成立
H_7e 同一饮食的家途比较	→	F5	0.149***	4.762	成立
H_8f 饮食新奇恐惧症	→	F6	0.206***	6.800	成立
H_9f 饮食涉入	→	F6	0.230***	6.841	成立
H_{10}f 与饮食相关的旅游动机	→	F6	0.006	0.784	不成立
H_5f 食物与场景的感官刺激	→	F6	0.305***	8.004	成立
H_6f 家乡和目的地的饮食比较	→	F6	0.122***	4.949	成立
H_7f 同一饮食的家途比较	→	F6	0.121***	4.328	成立

注:F1——内隐功能价值;F2——外显功能价值;F3——体验价值;F4——社会价值;F5——文化价值;F6——道德价值;** 代表 $P<0.01$,*** 代表 $P<0.001$。

(2) 调节效应检验

研究采用 SPSS 23.0 软件的 Process 插件功能检验了假设模型中的调节效应,其中样本量为 5000,置信区间 95%,检验结果如表 5-9 所示。

由表 5-9 可知,饮食新奇恐惧症与食物和场景的感官刺激的交互项的非标准化 β 系数分别为 −0.058、−0.006、−0.006、−0.006、0.002、−0.004,并且在 99.9% 的置信水平下显著($P<0.001$),这说明饮食新奇恐惧症对食物和场景的感官刺激与内隐功能价值、外显功能价值、体验价值、社会价值、道德价值感知的关系具有显著负向调节作用,即对于饮食新奇恐惧越强的旅游者来说,食物和场景的感官刺激对其内隐功能价值、外显功能价值、体验价值、社会价值和道德价值感知的影响越弱,因为旅游者越恐惧新奇的食物,则其对食物的偏见和抵制情绪越重,所以食物和场景的感官刺激对其消费价值感知的作用变弱;同时,饮食新奇恐惧症对食物和场景的感官刺激与文化价值感知的关系具有显著正向调节作用,即对于饮食新奇恐惧越强的旅游者来说,食物和场景的感官刺激对其文化价值感知

表 5-9　调节效应检验结果

	F1		F2		F3		F4		F5		F6	
X4	0.233	0.607	0.412	0.711	0.312	0.611	0.334	0.657	0.215	0.624	0.310	0.626
X1	0.209	0.382	0.129	0.272	0.220	0.367	0.177	0.332	0.171	0.370	0.210	0.362
X4 * X1		-0.058		-0.006		-0.006		-0.006		0.002		-0.004
ΔR^2		0.003***		0.000***		0.000***		0.000***		0.000***		0.000***
F		58.584		0.491		0.427		1.106		0.059		0.351
X5	0.170	0.385	0.087	0.364	0.093	0.333	0.125	0.376	0.196	0.425	0.123	0.361
X1	0.209	0.602	0.129	0.612	0.220	0.632	0.177	0.609	0.171	0.567	0.210	0.622
X5 * X1		-0.061		-0.009		-0.016		-0.009		-0.003		-0.007
ΔR^2		0.004***		0.000***		0.000***		0.000***		0.000***		0.000***
F		60.556		1.035		3.153		1.612		0.104		0.707
X6	0.169	0.438	0.153	0.466	0.083	0.384	0.111	0.423	0.153	0.448	0.123	0.413
X1	0.209	0.553	0.129	0.514	0.220	0.587	0.177	0.564	0.171	0.545	0.210	0.571
X6 * X1		-0.060		-0.011		-0.011		-0.008		-0.001		-0.009
ΔR^2		0.003***		0.000***		0.000***		0.000***		0.000***		0.000***
F		56.721		1.466		1.497		1.230		0.019		1.369

续表

	F1		F2		F3		F4		F5		F6	
X4	0.233	0.534	0.412	0.626	0.312	0.544	0.334	0.574	0.215	0.518	0.310	0.577
X2	0.258	0.455	0.217	0.361	0.281	0.431	0.259	0.418	0.274	0.478	0.235	0.412
X4 * X2		-0.063		-0.005		-0.008		-0.007		-0.001		-0.003
ΔR^2		0.004***		0.000***		0.000***		0.000***		0.000***		0.000***
F		71.148		0.371		0.937		1.230		0.015		0.215
X5	0.170	0.329	0.087	0.292	0.093	0.276	0.125	0.310	0.196	0.353	0.123	0.315
X2	0.258	0.663	0.217	0.693	0.281	0.696	0.259	0.683	0.274	0.645	0.235	0.675
X5 * X2		-0.057		-0.002		-0.010		-0.002		0.001		0.001
ΔR^2		0.003***		0.000***		0.000***		0.000***		0.000***		0.000***
F		56.316		0.028		1.375		0.059		0.007		0.034
X6	0.169	0.367	0.153	0.381	0.083	0.306	0.111	0.337	0.153	0.354	0.123	0.351
X2	0.258	0.623	0.217	0.601	0.281	0.664	0.259	0.652	0.274	0.640	0.235	0.633
X6 * X2		-0.062		-0.010		-0.013		-0.007		-0.004		-0.007
ΔR^2		0.004***		0.000***		0.000***		0.000***		0.000***		0.000***
F		64.598		1.340		2.286		1.301		0.165		0.837

注:X1——饮食新奇恐惧症;X2——饮食涉入;X4——食物和场景的感官刺激;X5——食物和目的地的饮食比较;X6——同一饮食的家庭比较;F1——内隐功能价值;F2——外显功能价值;F3——体验价值;F4——社会价值;F5——文化价值;F6——道德价值;所列数据为非标准化 β 系数;*** 代表 $P<0.001$。

的影响越强,这是因为越具有饮食新奇恐惧症的旅游者越容易关注到饮食的文化性,饮食文化性容易由食物和场景表现出来,所以文化价值更容易被旅游者感知到。因此,假设 H_{13} 成立。

饮食新奇恐惧症与家乡与目的地饮食的比较和同一美食的家途比较的交互项的非标准化 β 系数均表现为负值,且均显著($P<0.001$),表明饮食新奇恐惧症对家途饮食比较(包括家乡和目的地饮食比较、同一饮食的家途比较)与旅游者饮食消费价值感知(包括内隐功能价值、外显功能价值、体验价值、社会价值、文化价值、道德价值)的关系均呈现出显著负向调节作用,也就是说,对于饮食新奇恐惧越强的旅游者来说,家途饮食对比对其饮食消费价值感知的影响越弱,这是因为饮食新奇恐惧症植根于旅游者习惯思维的程度更深,相比之下,对于饮食新奇恐惧感强的人来说,家途饮食比较就显得不重要了。因此,假设 H_{11} 成立。

同理可得,饮食涉入对食物和场景的感官刺激与旅游者饮食消费价值感知的关系具有显著负向调节作用,即对于饮食涉入度越深的旅游者来说,食物和场景的感官刺激对其饮食消费价值感知的影响越弱,这是因为饮食涉入度越高的旅游者掌握的饮食知识越多,那么食物和场景刺激对于旅游者价值感知发挥的作用就变弱了。因此,假设 H_{14} 成立。

饮食涉入对家途饮食对比与旅游者饮食消费价值感知的关系具有显著调节作用,其中对家乡和目的地的饮食比较与文化价值感知和道德价值感知的关系表现为正向调节,对其余的关系表现为负向调节,这可能是因为涉入度高的旅游者掌握的饮食知识多,家途饮食对比无法增强功能价值、社会价值和体验价值方面的感知,而文化价值、道德价值这类精神层面的价值在家途饮食对比下显得格外重要,因此假设 H_{12} 成立。

就整体而言,假设 H_{11}、H_{12}、H_{13}、H_{14} 均成立。

5.3　研究小结

研究发现,在个体因素方面,部分与饮食相关的人格特质,包括饮食新奇恐惧症和饮食涉入,会对旅游者的饮食消费价值感知产生显著正向影响,而与饮食相关的旅游动机则不会对旅游者饮食消费价值感知产生影响。其中,饮食新奇恐惧症的影响系数介于 0.126—0.215,饮食涉入的影响系数介于 0.210—0.275,整体上,饮食涉入的影响效应强于饮食新奇恐惧症。在直接因素方面,食物和场景的感官刺激会直接显著正向影响旅游者饮食消费价值感知,影响系数介于0.208—0.410。在情境因素方面,家途饮食对比,包括家乡和目的地的饮食比较和同一饮

食的家途比较都会显著正向影响旅游者的饮食消费价值感知。其中,家乡和目的
地的饮食比较的影响系数介于 0.086—0.193,同一饮食的家途比的影响系数介于
0.082—0.161,相比之下,二者的影响效应差不多。同时,消费者的个人因素,即
饮食新奇恐惧症和饮食涉入,会在食物和场景的感官刺激、家途饮食对比与旅游
者饮食消费价值感知的关系中发挥调节作用。总体上,饮食新奇恐惧症和饮食涉
入的调节作用强度不相上下,但是就消费价值感知而言,二者对直接因素和情境
因素与内隐功能价值之间关系的调节作用更为明显。修正后的旅游中饮食消费
价值的前置影响因素模型如图 5-2 所示。

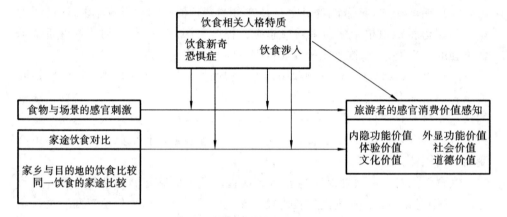

图 5-2　旅游中饮食消费价值的前置影响因素模型

第6章 旅游目的地的饮食消费价值传达与比较——以浙江"百县千碗"为例

本章以浙江"诗画浙江·百县千碗"工程(以下简称"百县千碗")为例,旨在探讨旅游目的地饮食投射形象与消费价值之间的生成与转化。本章首先明确相关概念,对目的地投射形象与饮食形象等概念进行文献综述整理,并结合已有理论梳理了饮食形象与消费价值之间的关系。其次,在理论的基础上,找出浙江"百县千碗"的推文,采取文本分析的方法对所选推文进行高频词分析与类目构建,获取浙江饮食投射形象的塑造及旅游者出游意向相关信息,并与美食旅游消费价值进行对比,最终获得饮食投射形象与消费价值之间的关系。

6.1 研究背景

休闲社会背景下生成的体验经济热潮,使旅游者产生了新的旅游倾向,获得个性化旅游体验逐渐成为旅游者的追求,体验美食便是其中一种方式(刘琴,2020)。许多旅游目的地借助美食旅游产生了显著的经济效益,且美食作为重要的符号象征在美食旅游的发展中充分展现了旅游目的地的独特文化,提升了目的地形象(李践尧,2019)。"形象",常常被认为是影响消费者行为的关键,在各个领域受到关注。在旅游研究中,同样认为目的地形象与旅游者行为存在关系,它能够影响旅游者的态度、评价、旅游满意度以及出游意愿(Ahmad等,2021)。如果目的地宣传正确的形象,便能吸引更多的游客前往该目的地。因此,当前许多旅游地在做目的地营销时都采取了形象推广策略,而美食作为形象的一部分,更是受到了不少关注。目的地投射形象是指旅游形象塑造者在现实或潜在消费者心中树立的形象,基于目的地形象对旅游者行为的影响,在网络信息发达的今天,目的地投射形象便成了许多旅游目的地进行目的地营销的有效手段。

中华上下五千年的历史,地域广阔,食材种类数不胜数,孕育了源远流长、博大精深的饮食文化。与其他拥有丰富自然景观的地区相比,浙江更加重视饮食文化的传承。为了发掘旅游特色美食,弘扬生态意识,打造更优质的"养胃"旅游产品,自 2018 年 5 月,浙江省旅游局(现浙江省文旅厅)推出"诗画浙江・百县千碗"旅游美食推广系列活动,旨在全方位展示浙江美食和赋予浙江美食新概念,打造优质的浙江旅游目的地饮食形象。"诗画浙江・百县千碗"作为浙江省大花园建设"五养"工程的重要内容,自启动以来,在全省刮起了一股挖掘美食的热潮,当地各地区政府精心构思,通过发动大众、组织专家挖掘评选等方式,让浙江各地的美食崭露头角,使游客可以从"有颜有味"的浙菜中体会浙菜包含的浙江独有的文化,感受浙江优质的旅游服务水平。"百县千碗"工程已成为浙江省政府重点打造的一项品牌工程,也成为新时代浙江特色美食的一张"金名片"。

浙江推出"诗画浙江・百县千碗"工程,对于浙江目的地饮食投射形象打造来说更是添砖加瓦。关于目的地投射形象的研究,国内外学者提出了不少见解。Estela 和 Berta(2018)认为,目的地的投射形象体现在特定的表象中,是由不同类型的利益相关者为了特定的目的而推动形成,且这一表象通常是有目的地为游客准备的。对此,国内学者表示认同,强调目的地投射形象是旅游目的地根据自身特色,向游客转达的形象(谢朝武和黄远水,2002)。由此可知"诗画浙江・百县千碗"工程便是浙江为了彰显地方饮食文化特色和服务文化特色的重要活动,旨在向各地游客传达浙江作为一个美食旅游目的地的形象,起到更加深入的营销宣传作用。通过对"百县千碗"相关推文的挖掘,让人们能够感受到浙江构造的饮食投射形象。推文所塑造的饮食投射形象,正是目的地营销者想要向消费者传达的信息。通常情况下,良好的饮食投射形象更能够让消费者感知到消费价值,从而产生消费意图,因此,营销者通过撰写"百县千碗"相关推文,向消费者传达浙江美食信息,在消费者心中塑造美好的浙江饮食投射形象,最终目的在于激发消费者对于浙江美食的消费价值感知。由此可知,饮食投射形象的塑造本身具有一定价值。

旅游出游意向是指人们在未来前往某个旅游目的地的可能性,旅游目的地营销者通过分析游客的出游意向来预测潜在游客在未来前往该地的可能性,是旅游行为研究中的重要内容。因此,本研究希望以浙江"百县千碗"工程为例,回答以下问题:目的地饮食投射形象能够对旅游者的出游意向产生何种影响?

6.2 文 献 综 述

6.2.1 旅游目的地投射形象

旅游目的地形象这一概念最初由 Hunt 提出,之后便一直受到国内外众多营销领域学者的关注,旅游目的地形象在形成旅游者的主观态度、选择旅游目的地与做出旅游决策等过程中起到举足轻重的作用,影响各旅游目的地市场的开拓与可持续发展(刘梦晓和袁勤俭,2017)。从当前研究来看,各学者对于旅游目的地形象的概念内涵并未完全统一。部分学者从心理学入手,认为旅游目的地形象是旅游者对旅游目的地的现场感知所形成的综合感受,也有学者倾向于从供给与需求角度出发,认为除旅游目的地的感知形象外,还应该包含旅游目的地的投射形象。投射形象是指旅游目的地政府、旅游企业、社会团体等旅游形象塑造者对外宣传时,试图在旅游者心中树立的形象。旅游目的地投射形象的概念最早来自目的地营销研究领域,Kotler 与 Barich 最先提出"投射形象"与"接收形象"的概念,并认为有选择地向旅游者传播经过提炼整合的旅游资源的代表性形象即为旅游投射形象。旅游目的地的所有构成要素是投射形象的载体,投射的对象是所有的潜在旅游者与现实旅游者。投射形象的内容包括旅游吸引物、旅游基础设施、旅游氛围、旅游环境与休闲娱乐等。且旅游目的地投射形象涉及旅游业发展环节中的官方机构、旅行社和旅游支持企业等多个利益相关者,每一个利益相关者都在对目的地形象进行投射。

与感知形象相比,国内外从形象塑造者角度对旅游目的地投射形象的研究起步较晚,数量较少,可分为形象构成、情感表述和整体形象三个维度,研究对象包括国家、地区与城市(Bình,2015)。当前学者对投射形象的测量主要有两种方法,即结构法与非结构法。结构法主要是通过发放封闭式的调查问卷,采用李克特量表等方式对旅游目的地投射形象进行调查。例如,Michael 采取问卷调查的方式获取旅游者对卢旺达旅游目的地营销投射出的 15 个形象属性的感知情况,得出当地旅游形象塑造者所投射出的旅游形象在旅游者眼中显得枯燥且乏味,并不能满足需求等结论。曾莉莎(2018)利用结构法,对比游客对于旅游目的地感知形象与投射形象的差异,提出更为细致的营销建议。非结构法则是指运用文本分析、开放式访谈等方法对研究对象进行调查,相比之下,非结构法的质性资料来源更为广泛,包括电视节目、报纸广告、旅游宣传册、互联网信息等。在网络普及的当今社会,微博、"小红书"、目的地官方网站等拥有更加丰富的信息来源,因此非结构法更加受到国内外学者的青睐。Bình(2015)采用非结构法对越南旅游目的地长期使用的标志进行调查,发现图案、颜色等对于目的地投射形象确实存在影响,并提出改进建议。Santos 对英国旅行社在各种宣传册、电视旅行频道、报纸广告,包括旅游宣传小册子中提到的关于中国的报道进行总结,得出其想要传播的中国形象为文化遗产大国。刘雨潇和张建国(2021)以天目月乡村落景区的官方宣传、游客评价、游记等文本作为研究对象,对天目月乡村落景区的旅游投射形象与感知形象进行对比,发现官方形象投射和游客感知对天目月乡村落景区的反应总体以积极情绪为主。

但总体来看,国内外对于旅游目的地投射形象的研究还处于起步阶段,不论是研究内容还是研究方法都存在一定的局限性,有待进一步深化。

6.2.2 旅游目的地饮食形象

目的地形象是比单一的感知更为复杂的概念,它具有许多内在特征或维度,包括产品属性和消费者利益。与品牌形象一样,目的地形象在旅游研究中占据主导地位。目的地形象是个人对于一个特定目的地活动或属性的想法、信仰与印象的总和,对于旅游者来说,品尝当地美食是获得难忘的旅游体验不可或缺的一部分。地方独特的饮食文化在形成旅游目的地形象中起到至关重要的作用,一个地区的饮食可以是目的地形象的关键维度,地方特色美食能够彰显一个城市或地区的个性与魅力(刘月芳等,2021)。联合国教科文组织推行"创意城市网络"之"美食之都",截至2021年,全球被联合国教科文组织授予"美食之都"称号的城市一共有9个,其中中国就有5个,分别为顺德、澳门、扬州、成都和淮安。这些城市之所以能够获得"美食之都"的称号,都与其独特的地方饮食文化密不可分。城市利用美食来塑造目的地形象,反之亦能促进城市餐饮、旅游业的发展。于是这些城市便将其传统美食与饮食文化看作旅游体验产品,建立了旅游目的地饮食形象。

旅游目的地饮食形象是一个包含认知与情感的多维概念。换言之,目的地饮食形象可能是认知特征与情感特征相互作用的集合体,如果目的地饮食具有足够的积极属性,游客应该养成良好的态度。由于目的地饮食形象通常来源于体验者对食物属性的理解与评价,因此对食品的认知形象就是消费者对其属性的评价。认知属性一般包括营养均衡、卫生、价格合适、味道、香味、食材新鲜、做法多样性等(Choi和Lee,2010)。Mohamed等(2021)使用投影技术来识别从未品尝过埃及食物的美国人对于埃及食物的看法,发现人们会根据目的地的文化与环境特征来想象该目的地饮食认知形象。Carina与Anne(2020)在研究中称,相比于蓝色的食物,消费者认为红色的食物看起来更有食欲。Min指出,在澳大利亚留学生的眼中,韩国的食物是"色彩丰富且极具吸引力"的。Seo等采用深度访谈法探索国际友人对韩国食物的看法,结果显示,国际消费者对于韩国饮食的认知形象可分为"食品安全和质量""食品的吸引力""食品的健康益处""饮食文化""独特的烹饪艺术"五个维度。旅游目的地饮食的情感成分是指个人实际消费或体验饮食后产生的反应(Lai等,2020)。情感形象在目的地饮食形象的形成中同样非常重要,是消费者选择的关键因素,因此不少学者都试图衡量饮食的情感形象在消费者行为中的作用。也有研究认为,认知形象与情感形象之间存在相互作用的关系,认知形象是情感形象的前因,且认知形象会影响情感形象。总而言之,旅游目的地饮食形象的形成是评估认知与情感成分的结果,因此对于旅游目的地饮食形象的测量通常会涉及认知形象与情感形象。

6.2.3　饮食形象与价值

美食旅游也叫"烹饪旅游""食物旅游",其定义为将参观食物生产过程、美食街、餐厅和品尝或体验独特的食物作为主要旅游动机的旅游活动。美食可以作为一个地方的文化认知、交流与地位的象征,传统食物往往可以将游客吸引到特定旅游目的地,美食体验不仅是娱乐,更是一种文化交流活动,品尝当地美食可以是旅行或一段教育经历的重要组成部分,美食体验是旅游体验中不可或缺的一部分,因此美食事实上可以作为一项重要因素来吸引游客,许多旅游目的地都将当地传统美食或美食文化作为旅游产品,生成展现当地独特文化的美食形象。在目的地营销中,也格外重视其美食形象的宣传,致力于吸引更多的消费者(钱凤德等,2020)。

Sheth 和 Newman 开发的消费价值理论,专注于解释"为什么消费者选择购买或不购买某一特定产品、为什么消费者选择的是某种产品而不是另一种产品"。这一理论已在目的地营销领域中广泛应用。许多有关形象的研究均表明,形象会直接影响产品的价值与品质感知、消费行为、消费者满意度与消费者忠诚(Chung等,2020)。且目的地形象作为游客对目的地的整体评价,能够直接影响游客的行为倾向。已有大量研究证实旅游目的地形象对游客决策行为与游后评价产生影响。一般来说,有些人的目的地认知形象来自自身的旅游体验,而有些人来自可获取的信息资源,无论如何,消费者都更倾向于从中选择形象更佳的地方作为目标旅游地(Pan 等,2021)。良好的目的地形象更容易让游客产生重游或推荐意向(Rasoolimanesh 等,2021),获得令人愉悦的旅游体验的游客必然能够产生更高的旅游满意度(Ragb 等,2020)。由此可看出,好的目的地形象事实上能够让消费者体会到消费价值,产生"这个地方值得一去"的感受,并促使其形成出游意愿。于是,很多将美食作为旅游产品的地方都开始认识到将目的地饮食形象作为营销工具的重要性。韩国在做旅游目的地营销时发现,韩国食品所带来的旅游目的地形象的提升促使更多消费者选择前往韩国旅游(Phillips 等,2013)。也有学者建议可以通过优化目的地形象来提升游客心中的感知消费价值,从而促使游客产生出游意愿。并且,不少地方都将当地的饮食形象嵌入旅游目的地的营销宣传资料中,其目的便是增加目的地旅游的价值。

综上所述,将饮食作为重要旅游产品的目的地所生成的饮食形象本身传递的便是一种价值,良好的饮食形象能够让游客产生出游意向,帮助游客做出消费决策,提升消费满意度与忠诚度,为旅游目的地营销提供关键有效的帮助。

6.3　研究过程

6.3.1　网络数据采集及分析方法

本研究采用网络文本分析法,通过逐步推理将收集到的文本内容中变量间的潜在关系挖掘出来。本研究所使用的研究资料主要来源于微信公众号推文,以及推文下的用户评论,将 ROST Content Mining 软件作为数据处理工具,先后进行分词、词频统计、语义解析等操作,将非定量的文本研究材料转变为可以量化的数据信息。文本分析法是一种对显性内容进行描述的非结构化分析方法,根据当前学者的建议,使用非结构化方法对目的地投射形象进行分析,能够生成更为全面的旅游目的地投射形象。因此,本研究将使用网络文本分析法开展以下研究:通过文本分析法,分别对浙江饮食投射形象以及用户评论的文本资料进行量化处理,归纳饮食投射形象与旅游者出游意向之间的高频词,并挖掘两者之间的关系,然后进行更深层次的研究分析。

"百县千碗"是浙江省政府的重要工程之一,其主要的活动以及内容都只在浙江开展。目前,网络上有关"百县千碗"工程的活动内容大多在浙江的官方网站或者微信公众平台上发布,因而本研究的数据主要来自微信公众号推文。考虑到公众号推文的内容会有重复转载的可能,本研究收集的推文主要来自"诗画浙江文旅资讯"公众号。该公众号自 2018 年"百县千碗"活动开始即发布相关内容,内容与浙江美食主题的相关度较高,推文质量上乘,粉丝数量庞大,是游客了解浙江美食的重要窗口,因而选择其作为本研究数据来源。在"诗画浙江文旅资讯"公众号搜索关键字"百县千碗",从 2018 年至 2020 年共得到 100 篇推文,由于爬虫软件的限制条件,无法对公众号推文内容进行抓取,因而本研究所收集到的数据均通过手动整理得到。为了保证内容的代表性和有效性以及研究结果的科学性,本研究在对内容进行筛选时遵循以下规则。

第一,去除与浙江饮食不相关或相关性过低的推文。首先,由于此项工程涉及多方面,因而有些推文内容并不包含美食,仅仅只是主办方对相关活动或产品的宣传推广;其次,有些推文虽明确提到一些美食,但内容仅仅是关于这道菜的做法,过于单一,不具备参考性;最后,有些用户的评论与本研究内容无关,对分析结果并无意义,因而本研究在进行文本分析时将以上内容全部剔除。

第二,细节处理。由于推文的内容一般会包含图片,并且有些句子不成段,因此在收集时刻意删除图片,将句子整合,去除无关字符及空白格,防止对数据的后期处理造成影响。

根据以上两条规则,本研究最终筛选出公众号推文 51 篇,总字数 87702 字,用户评论 5910 字,数据收集过程如图 6-1 所示。

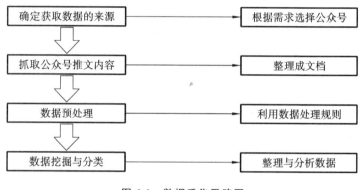

图 6-1　数据采集思路图

6.3.2　数据分析过程

现存多种文本挖掘工具,经过试验与对比,考虑到 ROST CM 6.0 用途更为多样,结果更为精确,本研究最终选择 ROST CM 6.0 作为分析工具,对所收集文本进行高频词提取与解析,最终目的在于探讨旅游目的地饮食投射形象能够对旅游者出游意向带来什么样的影响。

1.高频词提取

通过对推文与游客评价数据的清理形成预分析数据集,使用 ROST CM 6.0 对浙江饮食投射形象的高频词特征要素进行提取,去除"我们""而成""做成""不是""这道"等对研究结果毫无意义的词汇之后,选取了推文内容排名前 100 位与游客评论排名前 10 位的高频词,结果见表 6-1、表 6-2。为了更直观地了解高频词的分布情况,本研究利用 ROST CM 6.0 生成了关于饮食投射形象的高频词云,如图 6-2 所示,初步反映浙江饮食投射形象。

表 6-1　饮食投射形象排名前 100 位高频词

排　　序	词　汇	频　　次	排　　序	词　汇	频　　次
1	美食	244	30	鸡蛋	45
2	羊肉	149	31	旅游	44
3	味道	131	32	嘉兴	43
4	豆腐	108	33	浓郁	41
5	传统	102	34	推荐	41
6	年糕	98	35	新鲜	40
7	小吃	93	36	百县千碗	40
8	特色	89	37	清香	39
9	美味	84	38	文化	39
10	浙江	84	39	西湖醋鱼	39
11	温州	79	40	不腻	39
12	舟山	78	41	临海	38
13	好吃	76	42	猪肉	38
14	杭州	72	43	宁波	37
15	口感	71	44	名菜	37
16	扑鼻	70	45	臭豆腐	36
17	绍兴	68	46	香味	36
18	海鲜	63	47	面条	36
19	风味	61	48	宁海	35
20	笋	59	49	香菇	35
21	鲜美	59	50	色泽	35
22	金华	57	51	寓意	35
23	糯米	52	52	汤圆	34
24	新昌	51	53	番薯	33
25	独特	50	54	台州	33
26	传承	47	55	口味	33
27	东坡肉	47	56	食材	33
28	舌尖	45	57	讲究	33
29	江南	45	58	吃货	32

续表

排　序	词　汇	频　次	排　序	词　汇	频　次
59	丽水	32	80	虾	27
60	萝卜	32	81	手工	27
61	可口	32	82	嵊州	26
62	湖州	32	83	逢年过节	26
63	细腻	32	84	炒年糕	26
64	南湖	31	85	兰溪	25
65	文成	31	86	历史悠久	25
66	馄饨	31	87	火腿	25
67	特产	31	88	缙云烧饼	25
68	著名	31	89	香甜	25
69	松阳	31	90	塘栖	24
70	衢州	30	91	蛏子	24
71	鱼肉	30	92	辣	23
72	鲜嫩	30	93	余杭	23
73	特别	29	94	千张	23
74	鱼头	29	95	肉圆	22
75	营养	29	96	绍兴	22
76	麻糍	29	97	黄鱼	22
77	诸暨	29	98	鲜香	21
78	老鸭煲	29	99	饺饼筒	21
79	地道	28	100	美食节	21

表 6-2　游客评论排名前 10 位高频词

排　序	词　汇	频　次	排　序	词　汇	频　次
1	美食	36	6	浙江	19
2	好吃	31	7	推荐	17
3	想吃	26	8	喜欢	15
4	杭州	20	9	尝尝	11
5	美味	19	10	小吃	10

图 6-2　饮食投射形象高频词云

通过分析表 6-1 的高频词,能够初步建立浙江饮食投射形象。从词性上包含名词、动词、形容词三种,名词主要包括美食小吃名称、食材名称及美食分布地区;动词包括"推荐""旅游"等,表达了推文对游客前来品尝浙江美食的期待;形容词表现了游客对于浙江美食的评价及感受。显而易见的是,其中名词数占比最高,代表浙江饮食投射形象主要与名词有关。在位居前 10 位高频词中,"美食"是塑造浙江饮食投射形象中最常提及的词汇,频数高达 244 次,"羊肉""豆腐""年糕"分别排在第 2、4、6 位,它们均为浙江不可或缺的美味食材;"味道""美味"分别排在第 3、9 位,说明浙江美食在游客中间评价颇高,拥有吸引游客出游的优势;排在第 5 位和第 8 位的分别是"传统"和"特色",展示了浙江两千多年的饮食文化及其独特的地域性;排在第 10 位的"浙江"则完全契合了本研究所涉及的核心目的地。

分析表 6-2 可对游客产生的出游意向进行初步了解。名词"美食""小吃"和形容词"美味"表达游客对浙江美食的整体评价;动词"想吃""喜欢""推荐""尝尝"等则更加明确地体现用户在阅读推文之后产生的体验冲动及出游意向。

结合表 6-1 与表 6-2 的高频词,发现其中有 7 个词交叉重合,并且这 7 个词均与浙江美食形象有关,排在两个表格第一位的均是"美食",证明浙江美食在游客心中的确拥有较高的评价;然而未重合的"想吃""喜欢""尝尝"分别排在第 3 位、第 8 位和第 9 位,则是游客用于表达自身出游意向的词。

2.分析类目构建

本研究旨在探讨浙江饮食投射形象与游客出游意向之间的关系,鉴于目前关于饮食投射形象的研究较少,分析类目体系不够完善,本研究将根据实际情况自行建立新的分析类目体系,将投射形象与游客出游意向结合分析。国内学者姜晓培和戴光全在分析广州乞巧文化节的投射形象时,建立了"节事内容""时空""文化""特色""体验"等类目体系,从不同的角度分析乞巧文化节的投射形象;文捷敏和陶慧(2020)则是从"美食资源""美食文化""美食特性""体验活动""时空性""社会性"六个层次分析顺德美食的形象。本研究借鉴以上学者的分类模式,最终决定从"美食资源""美食特性""美食文化""时空分布"四个维度观察浙江"百县千碗"的投射形象,具体分类如表 6-3 所示。鉴于收集到的评论数据与提取到的高频词均较少,本研究选择不再进一步分类目。

表 6-3　投射形象分析类目层次

主类目	次类目	高频词举例	词汇数
美食资源	美食种类	东坡肉、炒年糕、缙云烧饼、老鸭煲、臭豆腐、肉圆、饺饼筒、西湖醋鱼	14
	美食食材	羊肉、猪肉、虾、蛏子、豆腐、香菇、鸡蛋、火腿、笋、黄鱼、千张	20
美食特性	整体属性	特色、特别、独特、好吃	17
	感官体验	清香、细腻、新鲜、浓郁、鲜香、不腻、辣、鲜嫩、香味	16
美食文化		传统、名菜、文化、百县千碗、寓意、传承、著名、地道	7
时空分布	行政区划名称	杭州、温州、舟山、新昌、绍兴、宁波	23
	时间分布	逢年过节、美食节	2

6.3.3　浙江饮食投射形象分析

将排名前 100 位的高频词按上文构建的分析类目层次划分并结合推文内容对各类目高频词进行分析后,我们发现官方公众号对浙江饮食投射形象的塑造重点在于美食资源和美食特性,这二者的高频词数量基本相同。美食资源是旅游目的地发展美食旅游的基础要素,是吸引游客出游的首要因素(文捷敏和陶慧,2020),利用美食资源来塑造目的地饮食投射形象便成了关键点。美食资源主要有美食种类和美食食材两个次级类目,由于数据收集误差、统计方法以及美食名称特殊性等原因,美食食材的比例略高于美食种类。美食种类中,排名靠前的是"东坡肉""西湖醋鱼""老鸭煲"等以杭菜为主的浙江名菜,许多游客来浙江旅游便是为了品尝独属于浙江的味道,这也说明浙江在对饮食形象的塑造上大多以具体的美食作为切入点,而不是特色名店。浙江美食除了口味相对迎合大众需求外,丰富多样的美食食材也是一项吸引点,高频词中涉及美食食材的词汇数较多,浙菜的主要原料是猪肉、鱼虾、禽蛋、蔬菜、豆类等,尤以肉、鱼、禽、笋类所占比重最大,高频词中排名靠前的是"豆腐""猪肉""笋"等,食材大致相对应,并且讲究品种和季节时令,体现了浙菜选料讲究鲜活、用料讲究部位的原则,使得浙菜能够在八大菜系中始终占得一席之地且历久弥新。

美食特性这一类目的高频词所占比重排名第二,次级类目整体属性与感官体验的占比不分上下,整体属性是对浙江美食的总体概括,充分体现浙江美食的独特性。而感官体验则注重对不同的菜品的评价,高频词中"鲜香""细腻""新鲜""鲜嫩"等都高度展示了浙菜制作精细、味道鲜美的特点。总的来说,推文对各种感官体验的强调,塑造出浙江美食咸、甜、荤、素、香、辣、软、糯俱全的投射形象,从一定程度上也促进了游客前往浙江的出游意向。除此之外,在排名前100位高频词中,还出现了非常多的地名,如"杭州""宁波""温州"等,浙江是文化强省,各地区历代传承的饮食习俗、惯例及菜肴烹调方法等,均独具特色。地名的出现也表明浙江不同地区的美食各有特色,这一特征对游客来说也颇具吸引力,将文化与美食相结合一直是浙江在做的事情,让游客在品尝美食的同时了解当地特有的文化,可以为游客创造新的体验,为塑造饮食投射形象赋予更多活力。

高频词中提及的"百县千碗"正好契合本研究所选案例,这一工程本身并不代表文化,而是浙江希望通过发动大众创新、组织专家评选等方式,让浙江各地的美食崭露头角,也希望游客可以从"有颜有味"的浙菜中体会其中包含的浙江独有的文化内涵,感受浙江旅游优质的服务水平。目前,浙江"百县千碗"工程已成为浙江省政府重点打造的一项品牌工程,也成为新时代浙江特色美食的一张"金名片",为浙江打造了优质的饮食投射形象,通过网络平台的宣传,未来势必能够吸引更多游客前来浙江旅游。

6.3.4 游客出游意向分析

游客出游意向的词汇主要来源于推文下的用户评论,名词在前文已经分析过,在此不做赘述,文中出现的行政区划名称的频次与收集到的介绍区域美食的推文有关。形容词中的"好吃"和"推荐"是来自实际游客的视角,从自身体验出发,分享最真实的感受,也从侧面证实推文内容所建立的饮食投射形象。潜在游客在做出旅游决策之前,旅游目的地的网络评论起到了重要的参考作用,评论的内容不同,对旅游者出游意向的影响也不尽相同(张军等,2018)。按照本研究的分析,游客对提及的美食总体评论呈正向,这能够最大限度地提高潜在旅游者的出游意向。"想吃""旅游""喜欢"从潜在旅游者的角度出发,在不了解浙江美食的情况下,通过参考网络文本初步了解浙江饮食,并在认可他人言论之后对浙江美食产生了"想吃""想去旅游"的想法,即产生了因美食而想去浙江旅游的出游意向。这也说明,有目的性地塑造的饮食投射形象的确能够影响旅游者的出游意向,且通常情况下,形象越符合游客的喜好,出游意向便越强。

6.3.5　投射形象与饮食消费价值对比

美食旅游的消费价值可分为六个维度,分别是社会价值、体验价值、道德价值、外显功能价值、内隐功能价值与文化价值。对比浙江"百县千碗"工程所塑造的浙江饮食投射形象,发现推广时首要强调的美食资源与美食特性正好与消费价值中的功能价值相契合,推文中突出的文化特性也符合消费价值中的文化价值。根据这些发现,对比饮食消费价值,本研究进一步提出投射形象存在的问题。

第一,过于重视美食资源,而忽略了美食除品尝之外还能够给体验者带来其他的乐趣,如参与制作或欣赏美食表演这样的体验价值。

第二,美食具有社会价值,游客间的互动、游客与表演者之间的互动、游客与当地人之间的互动,均能够提升游客难忘惊喜的体验感,同时对潜在游客来说必然也极具吸引力,但当前推文较少提到这一部分。

第三,文化特性表现不足,美食代表了一座城市或一个地方的深厚文化,通过对美食的体验,游客能够更加深入地学习、感受地方文化。因此,突出文化性应是地方美食极重要的一部分,但当前浙江饮食投射形象的塑造在文化体现上尚欠缺,对地方独特文化的表达比较浅显。除弘扬文化外,美食旅游还能够传播如节约粮食等优良传统与教育意义,但推文在塑造形象时较少提及这一方面,缺乏对美食旅游道德价值的体现。

6.4　研究结果与建议

本研究以浙江"百县千碗"工程为例,对"诗画浙江文旅"的微信公众号上关于"百县千碗"工程的推文进行整理和挖掘,利用 ROST CM 6.0 软件提取出所选推文中的高频词并构建分析类目,获取浙江关于饮食投射形象的塑造及旅游者出游意向的信息,最终得出结论:浙江通过"百县千碗"工程塑造的饮食投射形象确实能够从一定程度上影响游客的出游意向。

结合研究的结论,以及与美食旅游消费价值的对比所提出的问题,本研究可提出以下几项管理建议。

第一,结合游客需求创新饮食投射形象,加强对表演类节目的描述。从所收集数据来看,目前浙江在塑造饮食投射形象时主要借助于罗列美食的种类或陈述美食的客观信息,事实上除品尝以外,大多数游客还希望能够获得其他体验,如节目表演、参与制作类体验等,因此在推广时应添加这一方面,增加浙江饮食投射形象的生动感,促进游客产生出游意向。

第二,增加饮食投射形象塑造的互动性,增加互动类体验项目,提高游客的参与感。同时,目前浙江主要通过微信公众号和抖音等平台来塑造饮食形象,但其实这两种方式都存在局限性。首先,在抖音上发布的视频热度并不高,没有引起大众的关注;其次,微信公众号的受众群体存在地域限制,这使得对游客的吸引也存在限制。网络时代下,应当选择互动性更强、受众更广的营销宣传方式,将文字推广与视频推广有机结合,全方位地向游客展示浙江饮食投射形象,帮助其产生出游意向。

第三,针对缺乏文化性这一问题,大力挖掘美食背后的故事,丰富饮食文化内涵,在日后的宣传中要注重提炼美食背后的文化精髓和内涵,并突出美食所带来的教育意义,体现道德形象,这一做法有助于加强与游客之间的情感联系,帮助游客更加深入感受浙江独特的饮食文化。

第 7 章　基于价值的目的地饮食与旅游发展对策——兼及浙江"百县千碗"案例解析

　　在第 6 章中,本书完成了从消费者对旅游中饮食消费价值感知向目的地饮食与旅游发展的关联,检验了目的地宣传中所传递的价值与消费者所重视的价值之间的匹配情况,表明旅游目的地关于美食与旅游产品的发展应该以饮食消费的价值为导向。本章将继续围绕饮食消费价值讨论目的地美食与旅游产品的发展。首先,将以浙江省"诗画浙江·百县千碗"工程为对象,分析目的地在发展美食与旅游产品时的已有经验。其次,结合前六章的实证研究结果,提出实践中可能存在的不足。最后,以向旅游者输出饮食消费价值为导向,提出目的地开发美食与旅游产品的对策和建议。

7.1　浙江"百县千碗"案例解析

　　2018 年 8 月,浙江省文旅厅在省委、省政府大花园建设决策部署下推出了"诗画浙江·百县千碗"旅游美食推广活动。次年,浙江省文化和旅游厅、省商务厅等六部门联合下发了《关于做实做好"诗画浙江·百县千碗"工程三年行动计划(2019—2021 年)》(浙文旅产〔2019〕9 号)的文件,将努力通过三年时间把"百县千碗"打造成为全国知名旅游美食品牌,形成旅游消费新的增长点。经过三年建设,浙江在"百县千碗"工程中积累了一定的经验,值得加以分析和总结。以下将从产品开发、宣传推广、管理保障和综合效益四个方面加以阐述。

7.1.1　旅游美食的产品开发

　　从浙江"百县千碗"工程已有的举措来看,美食与旅游产品开发大致可以归纳为文化内涵、数字化赋能、载体营造三个方面,在每一个方面又有不少可以借鉴的举措。

1. 美食的文化内涵提升

饮食与文化之间是密不可分的关系。文化具有多种表现形式,可以是精神的文化也可以是物化的文化。从饮食角度而言,文化可以融于物质,如菜品、餐具、食器等;也可以融于人的行为,如烹饪方式、用餐习惯、餐桌礼仪等;还可以根植于内心形成无形的规范力量,如一个地方的饮食传统。饮食不仅是满足口腹之欲,也是文化的体验和享受,因此要在保证菜品质量的同时体现文化的内涵。借助"百县千碗"工程的东风,浙江通过"问古""化文""求新"等手法创新了一批有文化内涵的菜品。

(1) 问古

传统美食或者说经典美食在美食产品当中占据着特殊的地位。一方面,传统美食、古法制作既是消费者的味蕾传承,又是消费者回味往事、寄托情怀的对象;另一方面,传统美食展现了"慢生活",是精工细作的工匠精神的体现,代表着上乘的质量和高端的品质。因此,挖掘传统菜品成为创新饮食消费的一种重要方式。在"百县千碗"工程推动下,杭州上城区围绕"宋韵"开发了多道宋代菜肴,包括一道失传600多年、起源于宋代的"老鸭汤";同样,杭州萧山区形成了"萧山十碗头"。这九菜一汤有着上千年的历史,反映出萧山"老底子的味道",体现了萧山人的风俗习惯和文化底蕴。

(2) 化文

化文的含义是在美食中嵌入文化,也就是发挥文化嵌入性的功能,将文化内涵植入美食(吕雪琦,2019)。台州新昌作为浙东"唐诗之路"的精华地段,曾有450多位诗人在此留下了1500多首唐诗。新昌将美食与唐诗相结合,打造了"诗意新昌碗·天姥唐诗宴"。在这一过程中,厨师团队结合新昌特色美食研发菜品,而文史专家团队搜索有关饮食的唐诗,结合菜品进行赋诗,烹调出了充满文化味的"飞流直下三千尺""越女天下白""剡溪一醉十年事"等菜品组成的"诗意新昌碗·天姥唐诗宴"。消费者在品尝美食的同时,也能体会到唐诗所带来的文化美。

(3) 求新

在向传统文化要创意的同时,为了更好地迎合年轻一代消费者的消费偏好,也可以在旅游美食开发过程中融入新的元素。比如,在浙江省文旅厅的推动下,中华美食拟人手游《食物语》在游戏内,以《富春山居图》为灵感,打造了浙江山水主题服饰和主题家具,生成了西湖莼菜羹的"食魂"。在游戏外,《食物语》联合中国美术学院和浙江大学的师生,以江南美食、诗画、古风为灵感源泉,依据浙江美食创作出同人"食魂";还携手楼外楼共同打造仿宋宴,让游戏玩家能够穿越时光,品宋之美食、吟宋之诗词、习宋之礼仪,以文创联动的形式传播"百县千碗"美食故事。这种新型的跨文化联动,以年轻人喜欢的方式推动了美食的传播和发展。

2. 美食与旅游的数字化赋能

数字化时代,旅游美食的发展也需要数字化的赋能。数字化至少能够在三个方面推动旅游美食的发展。

一是信息的传播,在新冠肺炎疫情期间,为了提振旅游美食消费,浙江省文旅厅联合阿里本地生活开设"饿了么""百县千碗"专区,以吃喝玩乐探店、VR黑科技体验等直播活动,以及"神秘人"带货"神秘美食"等系列活动,打造各县(市、区)的特色菜,掀起一波"国潮寻味"之风;同时,又打造了区域美食地图,发挥平台的技术优势,推出"美食＆美景"的安心出游季,打造景区周边美食专属会场,向游客传播浙江的美食和美景信息。

二是互动营销,比如在浙里办 App 旅游专区启动的"百县千碗"美食线上打卡活动,参与者可以点击"打卡抽奖"参与和浙江美食相关的答题。答对一题,就可以在对应的菜品页面获得一次抽奖机会。而奖品有浙江多个 5A 级景区的门票和"网红"民宿的免费房券。这种线上的互动体验活动,普及面广、互动性强、传播限制小,很好地宣传了浙江美食,促进了旅游活动的展开。

三是数据检测,围绕"百县千碗"工程,浙江创建了"诗画浙江·百县千碗"大数据监测服务系统。建立了美食菜品的图片和音视频资料库,完善了已评定的"百县千碗"体验(示范)店名称、基本介绍、店内"百县千碗"菜品、社会信用代码等信息。这一方面可以向旅游者提供有保障的数字信息,搭建放心消费平台;另一方面也有利于形成对美食和美食消费场所的动态监管,保障服务的质量。

3. 美食与旅游的载体营造

美食与旅游的产品打造与开发不仅限于菜品,也涉及美食载体,如美食节、美食街、美食中心等。与美食相关的节事活动一直是旅游活动中比较受欢迎的内容。为了增加美食旅游者数量,目的地营销组织通过事件和活动来打造美食型的旅游目的地。围绕浙江各类美食,不少县(市、区)打造了美食相关节事,比如舟山嵊泗举办的东海五渔节,开展了美食节、创意市集、网红打卡、音乐节、荧光彩虹跑、啤酒节、七夕主题活动等系列活动。其中的"百县千碗·嵊泗渔味食光宴"呈现了螺酱、葱油蟹、黄鱼鲞、盐焗大虾等 12 道口味醇正的嵊泗渔味。这桌食光宴不光是色香味俱全、渔味浓厚,而且展示了渔家人的家常,承载了满满的渔家文化。

除了美食节事活动,美食店、美食街和美食中心的打造也为品尝和享用美食提供了好去处。"百县千碗"工程中的一项主要抓手就在于申报、评定和建设一批体验店(示范店)、旗舰店、美食街区、美食小镇。围绕这一目标,各地创建了一批餐饮载体。比如,丽水遂昌将"汤显祖文化""茶艺昆曲"与美食相结合,打造了"厨娘"系列的昆曲茶戏餐饮舞台,形成了"汤公"系列;打造"汤公"文化主题餐厅,同时在上述场所展示"风炉"系列"风炉土锅",创建了"厨娘·牡丹亭""风炉记忆"两家"诗画浙江·百县千碗"美食体验店。在温州,打造了五马街—禅街两条相连的美食街,通过"百县千碗,瓯味百碗""百县千碗,拾味鹿城"等瓯菜体验活动,形成了布满瓯味老字号名小吃、商铺现做现卖的美食街,吸引了市民和游客前往体验。同样在杭州,拱墅区对以夜宵为主的餐饮街区——胜利河美食街进行提升改造,打造了"运河·百县千碗"美食文旅小镇。该小镇的核心是锦鲤中心,该中心的一楼至二楼以江河湖海汇为主题的特色美食充分体现了浙江的沿海特色。沿海地区的码头鲜货可以做到 6 小时直供。此外,小镇对区内的商户进行了充分的整合,消费者在其中某家店用餐,也可以下单其他商户的美食,真正实现"抱团作战"。

7.1.2 美食与旅游产品的宣传推广

"好酒也怕巷子深",美食与旅游的宣传和推广工作非常重要。在这一过程中,一是要创建本地美食和旅游品牌;二是要用好各类宣传渠道;三是要加强美食与旅游的交流推广;四是要扩大宣传的辐射面。

从品牌创建来说,台州路桥注册了"路桥义百碗"的品牌商标,设计了包括logo、色彩、周边衍生用品、文创产品等品牌视觉系统。"永嘉学派"学者叶适在寓居路桥时提出了"义利统一观",形成了路桥"商行四海,以义聚利"的商业文化。根据这一特色文化,当地将路桥的"百县千碗"定位为"路桥义百碗",并且形成了"六个一"的宣传资料,也就是一张美食地图、一套美食视频、一本美食图片、一首美食歌曲、一份美食榜单和一群美食达人。

在宣传渠道上,省级浙勤集团打造了"诗画浙江·百县千碗"的融媒体宣传平台,并创办了《百县千碗》的期刊。各地也纷纷通过媒体采风团、短视频网站、大型OTA 平台及电台等新旧媒体的合作,以视频、评选、展示、比赛等多种方式,营造宣传氛围,提升品牌知名度。

此外,美食也是一种交流的工具,可以作为一种非语言的手段向他人传递意义。Barthes 从符号学的视角提出食物所具有的符号意义,如在消费咖啡的时候,人们会认为这是在紧张系统中的休闲。Claude Lévi-Strauss 甚至提出可以把食物比作语言,因为食物是一种密码,可用于解释社会关系。由此可见,美食可以作为一种重要的交流传播工具存在。在"百县千碗"工程中就推出了中东欧美食与"诗画浙江·百县千碗"人文交流活动。这一活动在宁波老外滩设置中东欧美食和"诗画浙江·百县千碗"美食展位,将"杭州东坡肉""宁波汤圆""温州三丝敲鱼"等浙江传统美食,与来自西班牙、土耳其、法国、意大利、立陶宛、斯洛伐克、塞尔维亚、保加利亚等十几个国家的特色美食同台展示,配以非遗体验、演绎交流、美食交流、互动体验等体验性活动,使市民和国内外游客通过美食实现了文化的交流。

"百县千碗"工程的另一大宣传和推广的亮点是"六进"活动,也就是让"百县千碗"进政府接待酒店、进机关食堂、进景区、进星级酒店、进社区、进高速公路服务区等场所。从某种程度上说,这恰恰体现了旅游惠民的一个方面,旅游美食的开发并不仅仅是为了满足消费者的需求,也要贡献当地社区。舟山普陀区推出了"诗画浙江·百县千碗——普陀鲜味"进学校活动。利用学校的食堂展示当地的名菜,让师生们更了解当地美食,更加热爱家乡;学校食堂把当地的"汤三鲜""芹菜炒鳗鲞""大烤墨鱼"等菜肴加入了学生菜谱,让学生不仅能看到,还能尝到。学校还通过开设食育课程,让学生在认识菜品的基础上,了解菜肴背后的故事,学会菜品的制作方法,在潜移默化中促进当地海洋文化传承。

7.1.3　美食与旅游开发的管理保障

为了维护好"百县千碗"的美食产品与品牌,浙江省文旅主管部门推出了一系列的管理保障措施,主要有标准体系、品质监控、考核评价、人才培育、市场运作和政策扶持六个方面的内容。

在标准体系建设上,主要是建立健全了两个方面的标准,即菜品标准和载体标准。浙江各县(市、区)在开展"百县千碗"菜品评选时,要求按照"一菜一品"标准,组织行业专家和名师大厨,研究修订菜品标准,形成浙江美食核心技艺图谱。同时也制定了《"诗画浙江·百县千碗"美食体验店(示范店)、旗舰店、美食街区、美食小镇》认定标准,通过标准控制的手段,完善体验店的建设。

对于菜品的品质监控,主要是联合质监部门、商务部门和餐饮行业协会,加强对菜品质量和服务质量的监管。通过美食菜品和店铺满意度调查,菜品和店铺数字化评价和监督管理,构建菜品和店铺的排行榜,动态调整当地菜品名录库,不仅要重视菜品的开发,更要加强品质的监管。对于品质的监控不仅仅停留在菜品和店铺层面,省级主管部门也加大了各地的考核评价力度,建立优胜劣汰机制和晾晒制度。通过开展"诗画浙江·百县千碗"示范市、县评比活动,激励各地比学赶超,以政府驱动的方式,加速目的地旅游美食的发展。

美食的发展和技艺的传承离不开对人才的培育,为了能够进一步做好"百县千碗"工程,必须培养一批专业的大厨和经营、管理、服务人才,特别是要培养技术传承人。为了培养专业人才,浙江各县(市、区)和院校都实施了一系列举措。比如,台州路桥分次逐期培训"路桥义百碗"美食从业者和传承技师;丽水遂昌则重点培训厨师、服务员成为美食网络达人、美食讲解员;而高等院校开办了特色美食师资培训班,发挥高校的专家智力支持。除了培训,各县(市、区)还开展了以评促建工作,路桥评定本县的美食名匠,并积极推荐其参评省级美食大师、美食工匠和美食手艺人。遂昌则是推动"十大碗"菜品的市县级非物质文化遗产的申报,通过非物质文化遗产评定推动发展。为了提高美食的研发能力,路桥还培育了创新团队,设立"路桥义百碗"美食研发项目,建立专业人才库,推动"路桥义百碗"创新发展。

为了加强对美食与旅游的市场化运作,浙勤集团受委托组建了浙江百县千碗餐饮管理有限公司,采取授权经营模式,以保证"百县千碗"的质量。浙勤集团积极与县(市、区)政府开展合作,共同打造"百县千碗"。比如,浙勤集团与衢州开化合作,积极参与当地的文化消费升级工程,促进当地加快形成菜品、食材、门店、人才及延伸产业等一体化的美食产业发展链条;打造开化味道博物馆及特色街区、镇、村;共同开展宣传推广工作,为"百县千碗·开化味道"品牌系列推广活动提供指导、支持和帮助,以提升面向游客的知名度。

政策扶持是目的地美食得以发展的重要原因,为了落实"百县千碗"工程,浙江省文旅厅、商务厅等六部门联合下发了《关于做实做好"诗画浙江·百县千碗"工程三年行动计划(2019—2021年)》,从六个方面推动工程的实施和落地。在新冠肺炎疫情发生之后,浙江省文旅主管部门又制定了《关于全力支持文化和旅游企业战胜疫情稳定发展的通知》,提出要省、市、县三级联动,通过发放1000万元的旅游消费抵用券和1亿元的"百县千碗"美食消费券助力文旅企业渡过难关。

除此之外,各地方也纷纷出台了"百县千碗"的支持鼓励政策。例如,丽水遂昌从资金层面加大了对美食产业的扶持,通过设置20万—100万元的专项资金鼓励餐饮主体在县内、市内、省内开设"百县千碗"餐饮主体,加入美食街区。湖州南浔则是将南浔"百县千碗"工程分阶段细化,并且写入《南浔区全域旅游发展三年行动计划(2019—2021)》,将培育南浔特色美食、开展鱼文化节、花海龙虾节等主题文旅节庆活动作为重要内容;出台《南浔区旅游发展专项资金奖励补助(六条)办法》,对乡镇策划举办美食主题文旅节庆活动加以鼓励,并支持美食企业参加推广活动,加大节事活动对美食与旅游的推广效应。

7.1.4 美食与旅游的综合效益

从沙县小吃到兰州拉面,从盱眙小龙虾到柳州螺蛳粉,地方美食做出了一个庞大的产业。据柳州螺蛳粉协会的统计数据显示,2019 年柳州螺蛳粉产业的产值突破百亿元,达 132 亿元,而且还促进了米粉、螺蛳、酸笋、豆角、腐竹等螺蛳粉上游产业的规模化、产业化、标准化和品牌化发展。浙江"百县千碗"工程的背后除了推出当地的美食,更是要用当地的美食撬动整个上下游产业链的发展。丽水缙云以一个小小的缙云烧饼为龙头,打造出"缙云味道"的品牌,被评为浙江省首批"诗画浙江·百县千碗工程示范县区""浙江小吃之乡",并被列入浙江省首个"小吃文化地标城市"。缙云烧饼总部和博物馆已成为缙云旅游的必到打卡点;举办的"缙云烧饼节",在 2019 年吸引各地游客 50 多万,实现营业收入 680 万元,既满足了食客的"胃口",又鼓起了农民的"腰包"。而且缙云烧饼产业被列入了东西部扶贫项目,与四川南江结对帮扶,培训传承人 200 多人,开出数家示范店,开创了以美食带动乡村振兴的新局面。通过走出去策略,缙云烧饼基本覆盖了浙江省高等级景区和重点高校,入驻高星级饭店宾馆和省市机关食堂,进驻 40 余家省内外高速服务区,出口到美国、意大利、西班牙、阿联酋等 16 个国家和地区。

发展"百县千碗"工程给浙江地方经济带来了新的增长点,多地通过"百县千碗"撬动了地方经济。比如,衢州开化因美食 IP 的打造、美食品牌的打响,在 2018 年全县美食产业产值达 70 余亿元,直接带动就业 5 万余人。截至 2020 年底,缙云烧饼成功在全国 30 多个省(自治区、直辖市)开出 600 多家示范店,7000 多家网点,2.1 万从业人员创造出 24 亿元总产值,并带动上游木桶、炉芯、菜干制作等多个濒临消失的技艺复活和发展,带动 3.7 万农民增收致富。金华兰溪通过培育壮大美食产业,实现"培训一人、致富一家、带动一片"的综合效益,成为推进共同富裕的"兰溪样板"。浙江因"百县千碗"工程而实现对地方旅游美食的发掘,在浙江各地旅游经济可持续发展中发挥了重要的影响。

7.1.5　实践解析与述评

通过对浙江"百县千碗"工程的案例解读,可以发现以美食带动旅游,不仅给当地经济带去了新增长点,带动了上游相关产业的发展,而且传播了当地的文化。这种文化传播不仅能增加旅游目的地的知名度,提高游客的旅游体验,而且有助于提升当地社区居民的消费水平、文化传承和爱乡之情。可见,浙江"百县千碗"工程能同时为旅游者和当地居民带去益处。

在实践中,浙江"百县千碗"工程至少形成了三个方面的值得借鉴和推广的经验。

一是从义化视角出发加大对美食的研发,不管是挖掘传统美食,还是开发新的美食产品,美食的研发是奠定目的地美食推广的基础。而具有文化特色的地方美食有助于形成目的地的独特产品和品牌,令消费者产生不同的体验。另外,在美食产品的开发中,不可忽视美食载体的作用,美食节、美食街、美食中心等载体能够为美食消费带去不一样的场景,也是目的地美食产品开发的重要组成部分。

二是注重多渠道的宣传和推广,从浙江的实践来看,"百县千碗"工程在对美食的推广上充分发挥了多渠道、多媒体的作用。不管是线上的微信、微博、抖音等,还是线下的电视、电台、报纸等媒介都得到了充分运用。在宣传过程中,注重体验性、互动性,不管是线下的美食品尝,还是线上的互动答题,都体现了这一点。另外,在宣传过程中也注重文化 IP 的打造,迎合年轻人的喜好,融入游戏、动漫等元素。从这个角度来说,浙江"百县千碗"工程在美食的推广上是比较充分的,也是投入较多的。

三是注重政府驱动与市场运作相结合。浙江"百县千碗"工程最初由政府推动,在之后的行动中,政府也扮演了主要的角色,通过评选"十大碗"和"体验店"、建立菜品和店铺标准、主导营销推广活动、加大人才培养,以及实施对责任政府考核等方式,强有力地推动了"百县千碗"工程的落地。但与此同时,也应该看到政府主导并不能完全等同于政府主干。在整个"百县千碗"工程的实施过程中,政府充分利用了两个方面的力量:一是行业协会的力量,在整个工程中,各级烹饪协会、饭店业协会、旅游协会等都发挥了重要的作用,承担了标准制定、美食评选、营销推广、人才培训等工作的具体实施;二是国有企业的力量,通过国有企业建立"百县千碗"工程相关子公司,以市场化的方式介入"百县千碗"工程的建设。再者,政府通过政策驱动更多的市场化企业投入"百县千碗"工程。同时,积极推进数字赋能,充分将数字化运用到营销推广、监督管理等方面。

当然,在浙江"百县千碗"工程的实施过程中,也存在着一些问题。对照旅游中饮食消费价值的构成,旅游目的地还是在一些价值维度的传递上存在着不足。以下内容中,本研究将对照旅游中饮食消费价值的构成维度,分析浙江"百县千碗"工程在实施过程中尚需要查漏补缺之处。

7.2 旅游中饮食消费价值的比照分析

第 3 章的研究结果表明,消费者认为在旅游中进行的饮食消费具有六个维度的价值,即内隐功能价值、外显功能价值、体验价值、社会价值、道德价值和文化价值。在第 6 章的研究中,发现"百县千碗"工程所塑造的浙江饮食投射形象主要强调美食的外显功能价值,对于内隐功能价值、文化价值在推送时亦有所涉及,但体验价值、社会价值和道德价值少有涉及。也就是说,在旅游美食的推广上,更侧重资源本身,而少了对消费者因素的思考,包括消费者的体验和互动,以及消费者多层次需求的满足等。结合本章前文对浙江各目的地"百县千碗"工程实践的总结和归纳,以下将比照消费者对旅游中饮食消费价值的评估,分析浙江"百县千碗"工程实践尚需提升的内容。

7.2.1　功能价值与文化价值备受重视

在旅游中饮食消费的六项价值中,外显功能价值、内隐功能价值和文化价值得到了目的地较多的重视。首先,在美食产品开发时,目的地主要的做法之一就是为美食加上文化的元素,不管是对百年前宋宴的恢复,还是将诗词文化、昆曲元素融入美食产品,都是对美食文化功能的挖掘和传输。在美食产品的宣传推广中,常用的手法也体现在文化传播的方式上。比如,加大地域美食的历史挖掘和文化研究,讲好美食的前世今生故事;抑或是做一些美食产品与动漫、手游的跨次元的联合,都是为了发挥文化内涵在宣传中的作用,增加宣传内容的深度和厚度。在运营管理中,目的地整体美食品牌的塑造和品牌内涵的打造,比如"路桥义百碗"的品牌就充分体现了当地的历史和文化积淀。总体而言,目的地对美食产品的文化价值比较重视,不管是在产品开发、营销推广,还是在管理运营中都较好地发挥了文化的价值。

在美食的开发中,还可以进一步增加文化元素和美学元素。这些元素不仅仅可以体现在美食产品上,也可以进一步融入食器设计、宴会设计、餐厅环境设计等环节,形成整体的文化氛围。在宣传推广中,不仅要运用好线上线下的大众媒体,还要重视在对客服务中美食讲解员的作用。这种用餐过程中的美食故事传递,能够增加饮食消费的趣味性,可以从听觉的角度提升消费者的感官刺激,让消费者产生深刻的感官印象,从而提升消费者的体验度。在品牌塑造过程中,也应该加强对区域文化的挖掘,塑造更能够体现区域美食文化的品牌。

美食产品的功能价值也是目的地重视的要素之一。在产品开发的过程中,目的地通过比拼评定的方式,优先高品质的菜品;又通过制定标准、品质监控的方式保障菜品的质量,可以说对于菜品的功能价值较为重视。在菜品的制作过程中,也强调精工细作、用料讲究,确保菜品的新鲜和搭配合理。通过对投射形象的分析也表明,功能价值是目的地在宣传美食时的主要凸显点。

但与此同时,我们也发现,功能价值的凸显主要体现在外显功能价值上。换言之,从产品开发到宣传推广,乃至管理运营都较为强调美食的味道、餐厅的氛围和环境等内容。对于美食产品的内隐功能价值,如营养、健康等的关注度较低。如果将浙江"百县千碗"工程的美食产品打造看作一个系统性工程,那么可以从源头开始关注美食的供应链。比如,湖州南浔在"百县千碗"工程中发扬桑基鱼塘农业生态系统的绿色环保优势,大力推广原生态的食材培育,推广稻虾、稻蛙综合种养、跑道鱼等生态化、高标准化种养殖技术,从源头保障食材品质。因此,在美食产品的开发过程中,可以更加注重内隐功能价值,比如更加注重菜品的营养搭配、健康元素的添加等,从而让消费者吃得健康、营养。

7.2.2　体验价值有待提升

从整体角度而言,体验价值在已有的目的地美食产品开发中体现不足。虽然某种程度上,品尝美食,特别是在主题环境中品尝美食本身就是一种体验,但总体而言,可参与性的体验内容相对较少。事实上,美食产品的制作过程本身就是一种很好的体验过程。比如,北京烤鸭的片皮表演、兰州拉面的拉面表演,都会增加饮食消费的乐趣。如果消费者能进一步参与,比如品尝乡村农家菜前采摘蔬菜、亲手制作传统美食、参观美食知识展览等都会提升体验价值。此外,随着数字时代的到来,还可以增加一些数字化的体验项目,比如沉浸式的用餐场景。

在营销推广中,数字化技术得到了不少目的地的重视,被广泛地运用到线上线下的营销推广中,除了线上的体验式宣传活动,杭州的"百县千碗"农都美食小镇项目用数字化技术和全息投影呈现城市地域与美食文化;还可以通过设计丰富的 VR 互动游戏体验地方美食。这些线上线下体验活动的推出,都可以提升消费者在饮食消费中的体验价值。值得注意的是,在推广体验价值时,需要向旅游者明确地告知在饮食消费过程中能够参与的体验项目,增加旅游者的体验意愿。

在浙江"百县千碗"工程的运营管理中,对于体验性的内容关注并不多。比如在"诗画浙江·百县千碗"特色美食体验店(示范店)的评价标准当中,就没有关于体验性项目的评分内容,也就是说并不作为评审要求。整个评价体系还是以用餐的功能性为主。因此,从管理导向上并没有体现体验价值。当然,从某种意义上来说,展示表演、参与项目都会增加企业的运营成本,餐饮企业也应该在综合评估效益成本的基础上,有选择地提供体验性价值。

7.2.3　社会价值有待体现

社会价值体现了在饮食消费中所传递出来的人际价值和身份价值。从目前浙江"百县千碗"工程的实施举措来看,社会价值的体现并不充分。在美食产品的打造上,并不强调消费者之间及消费者与当地居民之间的互动。因此,很少看到类似"长街宴"这样的交互式产品。即便是在餐饮场所消费时,也少有服务人员为消费者提供美食讲解,增加人际互动。此外,美食产品开发中也没有能够打上身份价值的烙印。或许可以将品尝"百县千碗"美食与"文化""新潮""国潮"等标签相联系,让消费者在消费目的地美食的时候能够获得上述的文化符号(魏迪,2018)。

这种文化符号的获得也和美食的传播有关。在新媒体时代,以短视频为代表的社交媒体已经成为传播地方美食的重要渠道(吴雨星和陈桂蓉,2020)。不少短视频内容输出者专注于美食领域,通过与美食相关的视频为自己打造了"爱生活""亲民好吃""文化深厚""美食达人"的形象。因此,当"百县千碗"美食与一些消费者、网民能够接受和追捧的标签相联系的时候,很多内容输出者同时也是消费者会自发地传播当地的美食,而这种用户生成内容的传播方式比起传统传播方式具有更强的说服力和号召力(王敏和罗伟祎,2021)。人际价值在传播中也同样具有意义。例如,在 2020 年新冠肺炎疫情期间,大量原定前往湖州顾渚村度假的上海游客受阻,当地村民损失巨大。但由于这些上海游客与顾渚村村民之间早已形成了良好的人际互动,建立起特殊的情感联系,因此这段时间顾渚村村民直接向原有的游客销售当地的土特产,形成了一种特殊的销售渠道。

从运营管理的角度来看,社会价值其实体现了饮食消费需要兼顾游客和当地社区居民。饮食消费并不局限于游客或是当地居民,而是可以主客共享的旅游产品,符合全域旅游的大趋势。"百县千碗"工程在实施过程中,确实把握了这一原则,它既是县域经济对外宣传的"金名片"、吸引客源的重要手段,同时也能够满足本地居民对美好生活的向往。

7.2.4 道德价值缺乏考虑

人们对于饮食的消费并不仅仅停留在功能价值和享乐价值,在消费过程中也是一种道德的体现。如果从整个美食从生产到消费的系统进行考虑,涉及多个伦理道德问题。在生产端,就涉及安全食品生产、绿色食品生产,以及健康生产等。前二者指向的是食品安全,而健康生产指向的是食品健康。在 2021 年全球健康峰会上,《饮食·柳叶刀》委员会提出了从大量生产向健康生产的理念转变,指出从健康饮食的角度考虑,必须要转换以增加少数几种作物的产量为目标的生产模式,而改为以保护生物多样性、提高各种有营养食物产量为目标。这种生产理念的转变,会对区域生产模式和相关技术带来新的挑战。

从田间地头到旅游者的餐桌,另一个生产环节就是烹饪。"百县千碗"工程中,大多数能够参与该工程的体验店、示范店、美食街等以有组织的商业企业为主。固然这也是当地经济增长的重要部分,但对于带动当地社区的效应相对较弱。因此,在"百县千碗"工程的实施过程中,应该更加注重农家菜、弄堂小馆等,能够惠及更多的当地居民。杭州临安在推广"乡村一桌菜"的过程中,强调的是当地"厨娘"的烧制。这不仅是考虑到为消费者提供具有真正当地风味的美食、正宗的家常菜,更是将其作为一种转换和利用农村限制劳动力的手段,具有良好的社会效益。

此外,食物浪费问题同时存在于生产和消费两个环节。从生产环节来看,有大量快要过期的食物、卖相不好的食材被浪费。特别是在脍不厌细、食不厌精的思想下,很多参评"百县千碗"美食的菜品,都以选材讲究、做工精细著称,许多可食用的食材被舍弃,在生产环节造成了巨大的食物浪费。同样,在消费端也存在着食物浪费问题。2018 年,中国科学院地理科学与资源研究所和世界自然基金会联合发布了《中国城市餐饮食物浪费报告》。报告指出,我国城市餐饮业仅餐桌食物浪费量就达 1700 万—1800 万吨,相当于 3000 万—5000 万人一年的食物量。从这一点而言,在宣传饮食消费的同时,也要强调节约粮食。

从目前目的地的实践来看,无论是在生产环节、消费环节还是在宣传环节,对于饮食消费的道德介入都较少。比如,在美食体验店和示范店的评审细节中,没有强调绿色消费的重要性,没有将防止食物浪费作为其中的重要评价标准;同样,在"百县千碗"美食菜品的评审过程中,也没有考虑到健康食材的运用以及食材的合理运用和避免浪费。在对相关人才的培训过程中,也多数强调的是技艺传承或是文化传承,并不重视饮食消费道德观念的灌输和培养。在对旅游美食的宣传推广中,过度注重消费主义,强调消费导向,而忽略了节约食物、健康饮食等内容的宣传。概而言之,目的地在开发和推广旅游美食的过程中,还需要加强正确的生产观和消费观引导,争取旅游美食的可持续发展。

7.3 目的地发展旅游美食的可行路径

基于对旅游中饮食消费的分析和已有目的地发展美食及相关旅游的经验总结分析,本研究提出目的地发展美食相关旅游的三条可行路径,分别是文化发展路径、科技发展路径和管理路径。

7.3.1 美食相关旅游的文化发展路径

以文塑旅,以旅彰文,美食及旅游产品的开发向来离不开文化的融入。关于美食的高峰体验,往往就体现在消费者对饮食背后文化的感知,这种文化不仅仅是关于饮食的知识,也代表着一种情感和记忆。在目的地饮食及相关旅游的开发和宣传推广中,一方面要融入与当地饮食相关的文化内涵,比如相关的历史、传说和技艺等;另一方面也可以融入地域性文化,这是旅游目的地非物质文化遗产形成鲜明个性的保障。文化内涵的融入可以有效地提升消费者的体验,形成旅游目的地的个性,促进消费者的到访和消费。而且美食与旅游产品与当地文化的紧密结合也可以获得当地群众的广泛支持(林笑笑,2018)。美食及相关旅游的文化发展路径至少包含三个方面,即文化梳理、文化呈现和文化活化。

1. 文化梳理

要实现文化内涵融入美食与旅游的开发和宣传,需要加强对当地饮食文化的梳理和挖掘,这是文化融入的前提条件。通过建立专家团队,设立研究项目和研究机构,结合历史资料分析和市井采风等,形成当地饮食文化的资料库。这一资料库可能涵盖美食技艺、美食配方、美食发源、美食传说、名人与美食等。完整资料库的建立,可以为美食的下一步开发和推广提供相应的素材。此外,要通过专业团队运用创意将文化融入美食产品制作和宣传中。在这一过程中,要注意传统文化的传承与创新,也就是要学古但不拘泥,对于不符合现代消费习惯和饮食理念的部分要加以改良,并根据改良的结果动态调整饮食文化的资料库。

2. 文化呈现

"有文化"并不代表能够被消费者感知到,需要进一步将文化加以呈现。这种文化的呈现和表达,可以通过多重途径。首先,菜品制作、店铺设计和食品包装上都可以融入文化之美,比如摆盘、宴席、装修、外携食品等都可以体现文化的元素。其次,也可以通过一些现场的技艺展示,比如茶道、菜品制作等,展示其所蕴含的文化内涵。再者,通过视觉、听觉等方式让消费者了解美食背后的历史和故事,比如解说上墙、解说上桌、解说人员的现场解说,提升消费者在饮食消费现场对美食背后的文化感知;也可以通过纪录片、短视频等,增进消费者对当地饮食文化的了解,激发消费欲望。此外,文化的呈现既可以是对传统文化的展示,也可以是基于原有文化的创新衍变,比如文创雪糕、文创月饼就是一种文化衍化。两者之间并不矛盾冲突,双线并行就可以在保留传统的同时增进对新时代消费者的吸引力。

3. 文化活化

相对于文化的呈现,文化的活化进一步强调了消费者在体验和感知过程中的参与度。文化活化的方式还有赖于增强消费者的主动参与,如在宣传的过程中,通过现代的数字化技术增进互动和体验。比如,游戏、闯关等手法的运用,使消费者从被动的灌输知识向主动了解文化转变。除了推广，在生产和制作中，也可以增加文化的活化。美食的生产和制作单位可以开放部分生产和制作过程，让游客参与体验，参与选配原料、粗加工、细加工、手工制作的过程，体验地方美食复杂、精细的技艺，达到互动体验的目的。此外，美食相关的节事活动也是将文化进行综合性展示和活动的舞台。通过各类活动设计，能够让消费者充分感受到文化和美食之间的融合，产生较好的体验效果。

7.3.2 美食相关旅游的科技发展路径

在科技赋能的时代，美食相关旅游的发展也离不开科技的融入。一方面，科技创新能够改进美食的品质，改进美食的生产方式；另一方面，科技创新为美食的保护和利用插上了翅膀。

1. 科技化生产

据世界人口组织预测，到2050年世界人口将由2000年的60亿增长到90亿。随着工业化的进程，不少土壤、水受到了不同程度的污染，也相应地导致了在这片土地上生产的食物原材料的安全问题，因此只有通过新的农业科技手段，才能确保食品原材料生产的安全，提高食品原材料的产量，提升食品原材料生产的多样性。这是旅游目的地实施旅游美食开发的基础前提。

另外，要积极吸收和利用现代化的食品加工技艺。一来，传统食品若缺乏现代化的食品加工技术支撑，安全性得不到保证，传统食品难以得到进一步的发展。二来，要发挥传统食品的旅游化功能，要让旅游者在目的地消费之后还能够带走，回家之后还能够邮购，这才能最大化地发挥美食对地方经济的带动作用。而上述目标的实现，一则有赖于美食的品质，二则有赖于技术更新为食品的保质、运输、销售带来的便利。

2. 科技化优化

科技路径的发展还可以表现在对美食相关旅游发展的控制上。美食及相关旅游的发展并不总是会对当地社会带来正向的效益，也可能会给当地带来负面的压力。比如，大量游客的到来和对美食的消费，可能会增加当地农产品和食品原材料的供给压力，从而提高销售价格，间接影响到当地居民的生活。而这一问题的解决，有赖于科学技术所带来的原材料产量的提高。另外，餐饮的消费也会给当地的环境带来较大的压力。来自云南澄江抚仙湖、浙江台州关后村、浙江杭州梅家坞村的研究都表明，当地旅游业发展后，餐饮业排出的废水对当地的湖水和地下水都造成了一定程度的污染。云南洱海在 1996 年、2003 年和 2013 年都出现了水体富营养化,水质污染现象,2017 年大理政府关闭了当地超过 1000 间的餐厅和酒店(汪韬,2017)。上述案例说明,要通过科技化的手段,减少推广美食及相关旅游所带来的环境压力。比如,陈觉等(2018)提出可以通过重构绿色供应链的方式,采取中央厨房集中处理的方法,减少餐饮业发展所导致的污染。同时,也可以通过使用更先进的污水处理设备,来减轻美食及旅游发展所带来的环境压力。

3. 数字化贯通

除了借鉴农业、食品科学和环境科学的技术发展,美食的科技化发展路径还包含了数字化的内容。数字化可以体现在旅游美食从生产到销售的一系列过程之中。如果从食品的源头原材料生产开始考虑,智慧农业能够在很大程度上加大对原材料的生产监控,提升原材料品质。而且数字化可以构建食品原材料溯源体系,能让消费者消费得更加放心。在饮食消费过程中,新的 VR、AR 和 MR 技术可以被用来对美食进行展示,增进消费的趣味性;数字化也可以融入饮食消费场景的打造,构建沉浸式的用餐环境,增强体验感。在饮食推广中,新型数字化手段的运用,能够增加宣传渠道和宣传内容的新颖性,达到提高知名度和吸引力的目的,提升宣传效果的作用。

数字化还有利于美食的保护,前文所述的美食资源库就能够为美食的保护和传承奠定数据资料的基础。即便因为时代变迁,一些美食已经不适合当代社会,比如熊掌、鱼翅等菜肴的制作,已经不适合用复刻的方式再去呈现,但可以用数字化的手段,向后代展示先辈曾经有过的美食历史,让时间去评判。在目的地美食的品质监控中,也可以充分利用数字化的手段,通过构建排行榜、舆论监控、点评反馈等方式,加大对目的地美食和店铺的品质监控。

7.3.3　美食相关旅游的管理路径

从发展与美食相关的旅游来看,在管理上主要是要把握四个关系原则,做好一个系统性谋划和五项支撑服务。

1. 四个关系原则

目的地在发展美食相关旅游的时候要把握好四组关系:标准化—个性化;消费—责任;游客—居民;市场—政府。

所谓"标准化—个性化"原则,就是指在指导目的地美食开发的过程中,要把握好标准化的尺度。扬州炒饭标准、小麦馒头标准等各类美食标准的出台,其初衷是保障美食的制作工艺、确保美食的品质。但如果对于标准过于苛求,过于泥古,就可能会导致美食缺乏与时俱进的现代性,不能够满足消费者日益变化的个性化需求。在标准的制定上,应该更加注重指导性和导向性意见,为美食的发展和创新留下空间。另外,饮食消费作为一整个场景体现,也可以采取部分标准化、部分个性化的处理。比如,菜品的制作要标准化,但是摆盘可以个性化;美食可以标准化,但消费的场景可以个性化。从而处理好两者之间的关系,在保证目的地美食品质的同时尽量满足消费者更多个性化的需求。

“消费—责任”原则,指向的是平衡鼓励饮食消费和注意消费节约之间的关系。一方面要鼓励饮食消费,才能形成新的经济增长点,也能丰富游客的旅行体验和当地居民的美好生活;与此同时,要明白消费并不等于浪费,在饮食消费的过程中要通过多种干预方式,避免浪费。比如,用餐环境中的节约信息提示、点餐环节中餐量的可选择性、便利的剩余食物打包,以及对消费者的食物节约意识教育,都可以增强消费者的负责任消费行为,从而减少浪费,达到两者的平衡。再者,可以通过构建绿色供应链①减少食物在供给过程中的浪费和污染(Chen 等,2018)。

“游客—居民”原则,表明的是目的地在推动饮食消费的时候,既要考虑旅游者,也要考虑当地的居民。一方面,目的地美食可以作为游客在目的地游览活动和体验活动的重要一环,提升游客对目的地的总体价值感知,从而形成推广口碑,因此要围绕游客加大推广和宣传力度,完善消费信息,让游客能够在目的地较为方便地体验到当地的特色美食。另一方面,目的地在发展美食时也需要考虑当地居民。对城市居民而言,发展目的地美食也可以成为其日常消费的亮点,为生活增添趣味,毕竟外出就餐是中国消费者喜爱的休闲和社交方式(詹先虎和张帆,1999)。对乡村居民而言,发展目的地美食更多是促进当地的经济发展,带动整个乡村农业产业链,为闲置劳动力提供就业机会。不论城市还是农村,目的地在发展地方美食时既要关注旅游者的利益,也要关注当地居民的利益。

最后一个原则是“市场—政府”原则。目的地美食的发展离不开政府的推动。政府部门重视美食被认为是发展美食旅游目的地的重要优势(刘志军和张新华,2021)。政府所能提供的多项公共服务,如研发、营销、人才培养等都能够强有力地推动当地美食及相关旅游的发展,同时减轻当地企业的负担,减少市场无组织性造成的消耗和低效。但必须看到,也有一些做法是不可持续的,如工程式推进最终会因为领导意志的变化,而影响到执行层的重视程度和资源分配倾向,进而导致难以为继。有时限目标的行动对发展当地美食意味着契机,能够起到“扶上

---

① 关于绿色供应链的理论阐述,请延伸阅读 *Constructing the green supply chain for rural tourism in China: Perspective of front—back stage decoupling* 一文(论文发表于 *Sustainability*,2018 年第 10 期)。

马"的效果。但"扶上马"之后能走多远,有赖于市场机制的跟进。国有企业在最初的市场化进程中要发挥示范带动作用,让更多地企业看到介入目的地美食与旅游发展能够为企业带来的好处。要慢慢培育一批有特色、有知名度、有产品的市场主体,积极主动地创新、推广和传播目的地美食,这样才能够形成市场化的发展动力。当然在这一过程中,政府也要培养一批相关的行业协会,承接政府的具体业务,为政府减负,提升效率。

2. 一个系统性谋划

目的地美食与旅游的开发和推动,需要有系统性的思维和谋划。就美食而言,从最初的田间地头到消费者的餐桌,这一过程横跨了农业、食品加工业和餐饮业,同时涉及第一、第二、第三产业。虽然旅游中的饮食消费更多涉及的是消费端,但消费端的需求满足依靠供给侧的改革。因此,在提到旅游中的饮食消费时,将是一个系统性的工程,需要考虑最上游的生产端。而且饮食消费也意味着会对环境、土地等方面产生影响。因此,旅游目的地在发展美食相关旅游时要进行顶层谋划,在管理上要增加协同性,促进农业、国土、规划、财政、税务、金融、文化、教育、旅游、餐饮和商业等职能管理部门之间的沟通和协调。

3. 五项支撑服务

从目的地政府的角度来看,要推动当地美食相关旅游的发展,至少要提供以下五个方面的公共服务。

一是加大地方美食的研发能力,包括菜品的研发和文化的挖掘。对于餐饮企业而言,推陈出新是其日常运营的重要部分,但受到研发能力的限制,不少餐饮企业难以推出能够代表当地特色的菜品。另外,受到资金限制,企业不愿意投入较多资金进行当地美食的现代工业化研发,限制了当地美食的产业扩张。因此,地方政府可以通过委托服务或资金引导的方式推动组建研发机构,承担创新研发项目,确保当地美食的供给。

二是做好品牌宣传,扩大消费市场。当地美食产品的打造是为目的地塑造旅游的"金名片",属于公共营销的内容。因此,需要由政府及其委托机构统一设计、创建和宣传当地美食品牌,提升整个目的地美食的知名度。同时,以目的地美食为抓手,拓展游客市场,积极推进与美食相关的旅游发展。公共营销能够避免市场主体营销中的碎片化,将与目的地相关的美食都统一到一个品牌之下,较快地提升品牌知名度。当然,这也为目的地维护美食品牌增加了难度,因此也需要加强管理。

三是提供资金支持,培育小微主体。如前所述,政府的前期行动最终要转化为对市场的培育。除了大型国有企业在市场化过程中的示范引导作用,更重要的是要培育多样化的市场主体。对于地方美食的体验而言,既要有大型的、规模化的、标准化的食品企业和餐饮企业,也要有小型的、个性化的、有生活味的食品作坊和餐饮小店。为了更好地培育这些小微型市场主体,政府可以通过融通金融机构,用政策导向鼓励金融机构支持小微型市场主体的方式,培育一批有活力的小微型食品作坊和餐饮小店,形成多样化的市场供给,促进地方小微经济发展。

四是培育培养相关人才。这里又可分为若干举措。①要组建饮食文化、食品工艺、农业培育、农业环境、烹饪工艺、餐饮服务等领域的专家智库,从各个不同的角度为当地美食及相关旅游的发展出谋划策。②要认定一批专业人才,通过"非遗传人""烹饪大师""美食匠人"等人才认定工作,培育相关的精英,树立一批行业标杆。③要培训一批从业人员,对现有已从业人员和潜在从业人员,比如餐饮企业的厨师、美食讲解员、乡村的"厨娘"等进行岗位技能培训,提升其从业能力,为农村闲置劳动力提供就业出路;对有发展潜力的从业人员,可以通过培训和培育促使其成为高端管理和技能人才。④要加大接班人的培养,通过扩大当地院校烹饪、餐饮、酒店等相关专业的招生数量,逐步增加美食及旅游行业的人才储备。

五是加强对企业和市场的监督管理工作。目的地发展地方美食形成的是地方品牌。这里就存在着一个地方品牌的使用问题。由目的地主导创建的地方品牌使用者可以是目的地所有与当地美食相关的企业,这就要避免"公地悲剧"的形成。相应地,目的地管理部门要提高准入门槛,需要使用公共地方品牌的企业要具有一定的资质和资格。当然,这种资质和资格未必要和资金、规模挂钩,而是应该与服务水平和产品质量挂钩。此外,目的地管理部分可以通过制定标准、加强市场监督、完善数字化管理手段等方式,保障目的地地方美食的质量和口碑。随着《中华人民共和国反食品浪费法》的实施,市场监督管理部门要加强企业在防止消费者食物浪费方面的举措落实;而企业则可以通过信息干预、监督干预、选择干预等多种方式引导消费者减少食物浪费。

第8章 结 论

本章将全面总结全书内容。首先从研究过程来看,本书的研究总共经历了五个步骤,即以文献综述提炼出核心的研究问题,回顾旅游中饮食消费的相关研究成果;提炼和归纳旅游中饮食消费的价值构成,并进行量表开发;厘清目的地饮食消费情境下可能存在的购后行为构成,考察旅游中饮食消费对购后行为的影响;突出旅游情境,检验影响旅游者饮食消费的前置因素;基于饮食消费的价值,结合对浙江"百县千碗"美食旅游活动的分析,提出旅游目的地满足游客价值诉求、提升产品开发、促进营销推广和加强运营管理的对策建议。

基于上述的五个步骤,本研究得出了一系列回答研究问题的结论,归纳总结研究结果如下,并在此一并探讨研究结果的实践启示。

问题一:旅游者需要什么样的美食产品? 也就是旅游中饮食消费具有何种价值。

研究在归纳总结饮食消费价值相关研究的基础上,通过访谈、词汇量表和语义量表,明确了旅游中饮食消费价值包含内隐功能价值、外显功能价值、体验价值、社会价值、道德价值和文化价值六个部分。其中,内隐功能价值包括旅游中饮食的绿色、当季而食、营养,也就是通过饮食消费能够获得的隐含益处。外显功能价值是当地应提供的能够被直接感知到的饮食消费价值,如饮食味道、用餐环境等。体验价值体现了游客参与美食制作和与表演者互动中所获得的价值。社会价值是体现了游客在饮食消费中对人际价值和身份价值的追求,覆盖游客间互动、游客与当地人互动、提升声誉和体现面子等关键词。道德价值是游客对旅游中饮食消费的利他性和负责任行为的理解,包括弘扬文化、传播知识和节约食物三个方面。文化价值涉及传统、正宗和文化内涵等内容,是对美食文化的展示和传承。

因此从实践角度而言,旅游目的地在美食产品开发、营销推广、经营管理的过程中都应该围绕上述六个方面的价值展开。具体的方式和手段已经在前两章中进行了介绍,在此就不赘述。所以,探索旅游中饮食消费的价值,对于旅游目的地具有良好的实践启示意义。另外,现场感官刺激是感知价值形成的重要来源,因此餐饮企业要重视感官刺激,从视觉角度提升食物包装、菜品、摆盘、用餐环境、体验活动等设计;从味觉角度提升食物的味道和口感;在用餐中注重听觉和触觉等,如饮食文化的讲解、说菜,以及形式多样的触摸,如亲手制作、特色的用餐方式、有质感的盛器等,都可以达到刺激感官的目的,从而提升消费者的价值感知。

问题二:旅游中饮食消费的感知价值是如何影响游客的购后行为的? 也就是游客在饮食消费后又会有怎样的后续行为。

研究在文献综述的基础上,建立了研究模型并形成了研究假设,进行了实证检验。实证研究结果表明,旅游中游客感知到的饮食消费价值对购后行为有显著的直接影响。游客在旅游中感受到的内隐功能价值、外显功能价值、体验价值、社会价值、道德价值、文化价值,对其饮食消费和重购行为、美食及目的地口碑推荐行为具有直接的影响。游客感知到的当地美食消费价值越高,就越有可能再次消费当地美食,并积极主动地推广当地美食甚至主动推荐目的地。

旅游中饮食消费总体价值在内隐功能价值、社会价值、道德价值、文化价值对购后行为的影响中存在中介效应。值得注意的是,旅游中美食体验价值并不会影响游客对当地美食总体价值的感知。这可能是因为,相比在当地餐馆享受当地美食,游客能参与体验美食节等活动的时机较少。旅游中饮食消费的总体价值在外显功能价值对美食口碑推荐行为的影响中不存在中介效应,意味着外显功能价值不会通过总体价值对游客的美食口碑推荐行为产生影响。旅游中的旅游成本和旅游风险在饮食消费价值的内隐功能价值对总体价值的影响中存在调节效应。在此基础上发现,内隐功能价值对总体价值的影响中,同时被旅游成本和旅游风险调节,然后再通过总体价值对游客的消费和重购行为、目的地口碑推荐行为产生影响。

从实践来看,旅游者在消费过程中感知到饮食的消费价值之后,就会带动旅游者的购后行为。这一系列行为包括面向当地美食的复购和宣传,以及对旅游目的地的宣传。这意味着做好目的地的美食不仅能提升旅游目的地的经济收入,带动关联产业,而且也能够提升旅游目的地的知名度和口碑。所以,目的地营销人员应该更多地关注当地美食,在目的地推广中突出目的地的地方美食,强调品尝地方特色美食,以吸引游客到该地区旅游。浙江推出的"百县千碗"工程,为所在县市打出了美食的"金名片"。此外,也应该加强对餐饮相关企业的管理和扶持,除了要加强监管部门对餐饮机构的监督和管理,也要通过评比、奖励、授牌等多项措施,扶持优质企业,提升游客的正面评价。这一对策建议的提出,也是基于研究的发现。旅游者对目的地美食的风险感知会降低其对旅游目的地美食的价值感知,而监管和选优能够从政府层面为美食和企业提供背书,减少风险感知,从而提升正面的购后行为。

问题三:哪些前置因素会影响游客对旅游中饮食消费的感知价值? 也就是探索是否对所有游客而言,感知到的饮食消费价值都是一致的。

　　研究在文献综述的基础上,建立了研究模型并形成了研究假设,进行了实证检验。实证研究结果表明,饮食新奇恐惧症和饮食涉入会对游客的饮食消费价值感知产生显著正向影响;而与美食相关的旅游动机不会对游客的饮食消费价值感知产生影响。整体上,饮食涉入的影响效应强于饮食新奇恐惧症。在直接因素方面,食物和场景的感官刺激会直接显著正向影响旅游者饮食消费价值感知;在情境因素方面,家途美食对比,包括家乡和目的地的美食比较和同一美食的家途比较都会显著正向影响旅游者的饮食消费价值感知,且二者的影响效应相近。同时,饮食新奇恐惧症和饮食涉入,会在食物和场景的感官刺激、家途美食比较与旅游者饮食消费价值感知的关系中发挥调节作用。

　　从实践来看,目的地实施营销策略之前,先要确定潜在市场。从数据分析结果来看,游客是否为了美食而前往某一个旅游目的地并不是十分重要。目的地美食的意义更多在于增加游客的体验元素。喜欢美食的游客,也就是饮食涉入度高的游客,最有可能对当地美食产生积极的反响,也就是饮食相关人格中的饮食涉入度可以区分出最喜爱当地美食的旅游者,无疑饮食涉入度越高的旅游者越能感知到和重视美食的价值。当旅游目的地将饮食作为旅游产品进行开发时,美食爱好者显然是主要的服务对象,而在国人之中美食爱好者不在少数,故而也间接说明了旅游目的地发展美食相关旅游产品的重要性和可行性。此外,这一分类也意味着,目的地可以有针对地向对美食有着浓厚兴趣的人进行更精准化的营销,如关注美食博主、喜爱看美食视频的人群。

　　此外,由于旅游者在家环境中所感知到的目的地美食能够影响旅游者对旅游情境中的美食价值感知,因此也可以通过多种方式向尚未旅行的潜在游客宣传目的地的美食,如制作当地美食的视频、出版相关的书籍、在影视和综艺节目中植入美食,以及加大新媒体营销力度等。这样做既可以引起公众兴趣,培养潜在游客,也可以积极鼓励当地美食走出去,到其他地方进行销售。这并不会减少体验感,反而会增强潜在游客的兴趣,帮助他们克服对品尝不熟悉食物的恐惧,提高他们对当地美食的整体评价。

　　问题四:旅游目的地的美食与旅游发展现状如何?也就是是否能够为旅游者提供所期望的消费价值。

　　首先,研究以浙江"百县千碗"工程为例,对"诗画浙江文旅"微信公众号上关于"百县千碗"工程的推文进行整理和挖掘,利用 ROST CM 6.0 软件提取出所选推文中的高频词并构建分析类目,发现推文过多重视美食资源,而忽略了美食除品尝之外还能够给体验者带来的其他乐趣,比如,参与制作或欣赏美食表演这样的体验价值。其次,通过分析推文,发现美食消费具有社会价值,比如游客间的互动、游客与当地人之间的互动,以及游客自我认同等,均能够让游客感受到美食的意义,对潜在游客形成吸引力,但当前推文较少提到这一部分。最后,文化特性表现不足,美食代表了一座城市或一个地方的深厚文化,通过对美食的体验,游客能够更加深入地学习、感受地方文化,因此,突出文化性应是地方美食极为重要的一部分,但当前浙江饮食形象的塑造在文化体现上尚欠缺,对地方独特文化的表达比较浅显。美食旅游除了能够弘扬文化,还能传播如节约粮食等优良传统,但推文在塑造形象时较少提及这一方面,缺乏对美食旅游道德价值的体现。相关的实践启示,已在第 6 章中进行了讨论,此处就不再展开。

问题五:旅游目的地该如何提升游客饮食消费体验,为消费者提供饮食价值?

通过对浙江"百县千碗"工程的多个案例进行分析,发现在旅游中饮食消费的六项价值中,外显功能价值、内隐功能价值和文化价值得到了目的地较多的重视。相对而言,体验价值、社会价值体现得并不充分。对道德价值基本缺乏考虑。在此基础上,本研究提出目的地发展美食相关旅游的三条可行路径,即文化发展路径、科技发展路径和管理路径。每一条路径中又包含诸多举措。比如,文化发展路径至少包含三个层次,即文化梳理、文化呈现和文化活化。科技发展路径包括以科技创新改进美食的品质和生产方式,以及以科技手段加强美食保护和利用。管理路径当中要把握好标准化—个性化、消费—责任、游客—居民、市场—政府这四对关系。食物从田间地头到消费者的餐桌要做好系统谋划,并且要做好五个方面的公共服务:一是加大地方美食的研发能力;二是做好品牌宣传,扩大消费市场;三是提供资金支持,培育小微主体;四是培育培养相关人才;五是要加强对企业和市场的监督管理工作,使饮食消费在文化、社会、道德价值方面发挥作用。

参 考 文 献

[1] 白文杰.思考文人谈吃[J].四川烹饪,2005(8).

[2] 蔡继康.交易型虚拟社区的消费者价值接受模型研究[D].青岛:中国海洋大学,2013.

[3] 晁伟鹏.消费者社会责任消费行为影响因素的实证研究[D].武汉:华中农业大学,2014.

[4] 陈晔,张辉,董蒙露.同行者关乎己?游客间互动对主观幸福感的影响[J].旅游学刊,2017(8).

[5] 程励,陆佑海,李登黎,等.儒家文化视域下美食旅游目的地品牌个性及影响[J].旅游学刊,2018(1).

[6] 邓瑞琦.旅游攻略类美食短视频中美食文化的多元表达及意义[J].新媒体研究,2021(12).

[7] 葛倩晖.中国饮食文化中的地域性析评[J].食品工业,2021(5).

[8] 管婧婧,毕家萍,董雪旺.家与途:情境迁移下的旅游地感知重构[J].旅游学刊,2021(1).

[9] 管婧婧,董雪旺,鲍碧丽.非惯常环境及其对旅游者行为影响的逻辑梳理[J].旅游学刊,2018(4).

[10] 管婧婧.国外美食与旅游研究述评——兼谈美食旅游概念泛化现象[J].旅游学刊,2012(10).

[11] 管婧婧.何为饮食文化遗产的本真性?.2011′杭州·亚洲食学论坛论文集[C]//杭州:浙江工商大学中国饮食文化研究所,2011.

[12] 郭建英,齐云峰.中国饮食文化的美学意境[J].中国烹饪,2014(1).

[13] 国家统计局.中华人民共和国 2019 年国民经济和社会发展统计公报[EB/OL](2020-02-28)[2020-08-20]. http://www. stats. gov. cn/tjsj/zxfb/202002/t20200228_1728913.html.

[14] 姜宝山,孟迪.感官体验视角下顾客重复购买意愿影响研究[J].科学与管理,2019(5).

[15] 赖天豪,张全成.味觉感官营销研究回顾与展望[J].管理现代化,2017(1).

[16] 李翠婷.贵州龙潭村仡佬族饮食社交研究[D].重庆:西南大学,2017.

[17] 李坚诚.全球化-地方性背景下的饮食文化生产:潮菜原料时空特征[J].热带地理,2017(4).

[18] 李践尧.中华传统饮食文化对中国旅游目的地形象构建的影响[J].中国市场,2019(30).

[19] 李玫,余柄志,周洋,等.三道堰镇乡村旅游对受纳水体的污染影响分析[J].成都大学学报(自然科学版),2017(4).

[20] 李沐航.视觉和嗅觉对消费者味觉感知的影响研究[D].长沙:湖南大学,2014.

[21] 李若冰,刘爱军.减少在外就餐食物浪费的国外经验与启示[J].世界农业,2021(3).

[22] 李世骐.休闲农业中顾客参与对其购后行为的影响研究[D].武汉:华中农业大学,2020.

[23] 梁彬.云南省普洱茶旅游发展分析[J].福建茶叶,2019(1).

[24] 廖平,陈钢华.游客重游意愿的影响因素研究进展与启示[J].旅游论坛,2020(4).

[25] 林笑笑.非物质文化遗产旅游开发研究[D].桂林:广西师范大学,2021.

[26] 刘梦晓,袁勤俭.旅游目的地微博形象及其提升策略研究[J].现代情报,2017(1).

[27] 刘琴.体验经济视角下西安老字号美食旅游发展研究[J].哈尔滨职业技术学院学报,2020(1).

[28] 刘雨潇,张建国.基于凝视理论的村落景区旅游形象投射与感知比较研究——以浙江杭州天目月乡为例[J].西南大学学报(自然科学版),2021(5).

[29] 刘月芳,王也,陈淑贞.旅游目的地营销视角下地方美食形象传播研究——以粤港澳大湾区的江门为例[J].山西经济管理干部学院学报,2021(2).

[30] 刘志军,张新华.美食旅游目的地开发模式创新研究——以川渝地区为例[J].四川旅游学院学报,2021(4).

[31] 吕雪琦.文化嵌入理论视野下饮食文化与区域旅游开发研究[D].昆明:云南大学,2019.

[32] 钱凤德,丁娜,沈航.青年群体视阈下特色美食对城市形象感知的影响——以广州、深圳、香港为例[J].美食研究,2020(3).

[33] 邵万宽.中国人饮食习惯与心态思辨[J].美食研究,2015(4).

[34] 石自彬.中国菜系形成与划分影响因素分析[J].楚雄师范学院学报,2021(4).

[35] 孙金荣.中国饮食的主要文化特征[J].山东农业大学学报(社会科学版), 2007(3).

[36] 王建芹.主客互动的维度厘定与实证检验——以中国民宿行业为例[J].统计与信息论坛,2018(11).

[37] 王敏,罗伟祎.用户生成内容对消费者购买意愿的影响机制研究——基于小红书 APP[J].农村经济与科技,2021(12).

[38] 王鑫.国外顾客忠诚度研究综述[J].中国质量,2011(2).

[39] 王洧钰.感官营销:浅谈音量对消费者食物选择的影响[J].现代营销(经营版),2020(3).

[40] 魏迪.东北饮食文化符号的构建与传播[D].长春:吉林大学,2018.

[41] 文捷敏,陶慧.旅游目的地美食要素的感知形象与投射形象对比研究——以广东顺德为例[J].佛山科学技术学院学报(自然科学版),2020(2).

[42] 翁秋妹,陈章旺.炫耀性消费理论在旅游产品设计中的应用研究[J].旅游研究,2014(2).

[43] 吴爽.饮食社交中的人情关系和权力交换[D].长春:吉林大学,2011.

[44] 吴雄昌.客家菜主题宴席设计的探究——以客家风情宴主题宴席为例[J].现代食品,2021(9).

[45] 吴雨星,陈桂蓉.试论中华优秀传统文化的隐性传播——以李子柒美食短视频为例[J].新疆社会科学,2020(3).

[46] 肖捷.中国情境下社会责任消费行为量表研究[J].财经理论与实践,2012(2).

[47] 谢朝武,黄远水.论旅游地形象策划的参与型组织模式[J].旅游学刊,2002(2).

[48] 谢彦君.旅游的本质及其认识方法——从学科自觉的角度看[J].旅游学刊,2010(1).

[49] 徐万邦.中国饮食文化中的审美情趣[J].内蒙古大学艺术学院学报,2005(3).

[50] 徐羽可,余凤龙,潘薇.美食旅游研究进展与启示[J].美食研究,2021(1).

[51] 许晖,许守任,王睿智.消费者旅游感知风险维度识别及差异分析[J].旅游学刊,2013(12).

[52] 延鑫.试说中国人的饮食行为[J].职大学报,2016(4).

[53] 阎俊,佘秋玲.社会责任消费行为量表研究[J].管理科学,2009(2).

[54] 杨丽.试析饮食文化特色旅游[J].云南地理环境研究,2001(2).

[55] 佚名.大学生旅游意向调查:最愿为美食花钱[J].领导决策信息,2013(2).

[56] 尹立杰,叔文博.网红美食的旅游效应及发展策略研究——以南京市为例[J].商业经济,2020(11).

[57] 于春阳.带有利率的破产问题研究[D].广州:暨南大学,2007.

[58] 曾国军,王龙杰.饮食文化生产中的原真性、食品安全与食品健康[J].旅游导刊,2018(4).

[59] 曾莉莎.旅游目的地投射形象和游客感知形象对比研究——以开平碉楼与村落为例[J].五邑大学学报(社会科学版),2018(4).

[60] 詹先虎,张帆.高校学生外出就餐原因分析及对策[J].广西高教研究,1999(3).

[61] 张丹,伦飞,成升魁,等.城市餐饮食物浪费的磷足迹及其环境排放——以北京市为例[J].自然资源学报,2016(5).

[62] 张凤超,尤树洋.体验价值结构维度理论模型评介[J].外国经济与管理,2009(8).

[63] 张高军,吴晋峰.再论旅游愉悦性:反思与解读[J].四川师范大学学报(社会科学版),2016(1).

[64] 张军,赵梦雅,时朋飞.什么样的好评让你更心动?多维度网络评论效价与出游意向影响研究[J].旅游科学,2018(4).

[65] 张立,尹晶.闻香而悦便会因情而买?——消费者涉入的调节作用[J].消费经济,2020(2).

[66] 张立华.中国饮食文化中的人文情怀探析[J].农产品加工(学刊),2012(12).

[67] 张凌云.旅游学研究的新框架:对非惯常环境下消费者行为和现象的研究[J].旅游学刊,2008(10).

[68] 张盼盼,王灵恩,白军飞,等.旅游城市餐饮消费者食物浪费行为研究[J].资源科学,2018(6).

[69] 张盼盼,白军飞,刘晓洁,等.消费端食物浪费:影响与行动[J].自然资源学报,2019(2).

[70] 张星培,乌铁红.民族饮食文化空间的主客真实性体验差异——以格日勒阿妈奶茶馆为例[J].美食研究,2019(3).

[71] 赵永青,赵静.自媒体时代居民炫耀性心理、信息分享与旅游消费模式转变[J].商业经济研究,2021(16).

[72] 钟竺君,林锦屏,周美岐,等.国内外"食"旅游:"Food Tourism""美食旅游""饮食旅游"研究比较[J].资源开发与市场,2021(4).

[73] Adam I, Adongo C A, Amuquandoh F E. A structural decompositional

analysis of eco-visitors' motivations, satisfaction and post-purchase behaviour[J]. Journal of Ecotourism,2019(1).

[74] Adam I, Taale F, Adongo C A. Measuring negative tourist-to-tourist interaction: Scale development and validation [J]. Journal of Travel & Tourism Marketing,2020(3).

[75] Ahmad A, Jamaludin A, Zuraimi N, et al. Visit intention and destination image in post-Covid-19 crisis recovery[J]. Current Issues in Tourism,2021 (17).

[76] Antonova N, Merenkov A. Food and eating as social practice: Understanding eating patterns as a tool for human body construction[C]. 5th International Multidisciplinary Scientific Conference on Social Sciences and Arts Sgem,2018.

[77] Bimonte S,Punzo L F. Tourist development and host—guest interaction: An economic exchange theory[J]. Annals of Tourism Research,2016(5).

[78] Bình N P. Projected country image: An investigation of provinces/cities' logos[J]. Asia Pacific Journal of Tourism Research,2015(20).

[79] Boniface P. Tasting tourism:Travelling for food and drink[M]//Taylor, Francis, Bourdieu P. Distinction: A social critique of the judgement of taste. Cambridge,MA:Harvard University Press,1984.

[80] Bryon E. Uncork the nose's secret powers[EB/OL]. http://online. wsj. com /news /articles,2013.

[81] Carina S, Anne S. Effects of coloring food images on the propensity to eat: A placebo approach with color suggestions[J]. Frontiers in psychology, 2020(11).

[82] Castura J C. Dynamics of consumer perception[C]// Ares G, Varela P. (Eds.) Methods in Consumer Research, Volume 1:New Approaches to Classic Method. United Kingdom:Wood head Publishing,2018.

[83] Chai J C Y,Malhotra N K,Alpert F. A two-dimensional model of trust-value-loyalty in service relationships [J]. Journal of Retailing and Consumer Services,2015(26).

[84] Chen J,Guan J,Xu J B,et al. Constructing the green supply chain for rural tourism in China: Perspective of front—back stage decoupling [J]. Sustainability,2018(11).

[85] Chiu C M,Wang E T,Fang Y H,et al. Understanding customers' repeat

purchase intentions in B2C e-commerce: The roles of utilitarian value, hedonic value and perceived risk[J]. Information Systems Journal, 2014 (1).

[86] Choe J Y J, Kim S S. Development and validation of a multidimensional tourist's local food consumption value(TLFCV) scale[J]. International Journal of Hospitality Management, 2018a(77).

[87] Choe J Y J, Kim S S. Effects of tourists' local food consumption value on attitude, food destination image, and behavioral intention[J]. International Journal of Hospitality Management, 2018b(71).

[88] Choi J, Lee J. The perception and attitude of foods experts in New York city toward Korean foods—assessed by in-depth interviews of "foodies"[J]. Journal of the Korean Society of Dietary Culture, 2010(2).

[89] Choi S H, Yang E C L, Tabari S. Solo dining in Chinese restaurants: A mixed-method study in Macao[J]. International Journal of Hospitality Management, 2020(90).

[90] Chung K H, Shin I K, Jae. The relationship among tourism destination factors, tourist destination image, customer satisfaction, and customer loyalty-the case of TongYoung Tourist Destination [J]. International Journal of Tourism Management and Sciences, 2020(6).

[91] Cui F, Liu Y, Chang Y, et al. An overview of tourism risk perception[J]. Natural Hazards, 2016(1).

[92] Dagevos H, van Ophem J. Food consumption value: Developing a consumer-centred concept of value in the field of food[J]. British Food Journal, 2013(10).

[93] Dedeoglu B B, Bilgihan A, Ye B H, et al. The impact of servicescape on hedonic value and behavioral intentions: The importance of previous experience[J]. International Journal of Hospitality Management, 2018 (72).

[94] Ellis A, Park E, Kim A, et al. What is food tourism? [J]. Tourism Management, 2018(68).

[95] Estela M R, Berta F R. Measuring the gap between projected and perceived destination images of Catalonia using compositional analysis[J]. Tourism Management, 2018(68).

[96] Feldmann C, Hamm U. Consumers' perceptions and preferences for local

food:A review[J]. Food Quality and Preference,2015(40).

[97] Filimonau V,Matute M,Kubal-Czerwińska M,et al. The determinants of consumer engagement in restaurant food waste mitigation in Poland:An exploratory study[J]. Journal of Cleaner Production,2019(247).

[98] Fuchs G, Reichel A. An exploratory inquiry into destination risk perceptions and risk reduction strategies of first time vs repeat visitors to a highly volatile destination[J]. Tourism Management,2011(2).

[99] Géci A, Nagyová L, Rybanská J. Impact of sensory marketing on consumer's buying behaviour[J]. Journal of Food Sciences,2017(1).

[100] Goraya M A S,Jing Z,Shareef M A. An investigation of the drivers of social commerce and e-word-of-mouth intentions:Elucidating the role of social commerce in E-business[J]. Electron Markets,2021(31).

[101] Guan J, Jones D L. The contribution of local cuisine to destination attractiveness:An analysis involving Chinese tourists' heterogeneous preferences[J]. Asia Pacific Journal of Tourism Research,2015(4).

[102] Guan J, Ma E, Bi J. Impulsive shopping overseas:Do sunk cost, information confusion,and anticipated regret have a say? [EB/OL](2021-06-19)[2021-12-20]. https://doi.org/10.1177/10963480211024450.

[103] Guan J,Wang W,Guo Z,et al. Customer experience and brand loyalty in the full-service hotel sector:The role of brand affect[J]. International Journal of Contemporary Hospitality Management,2021(7).

[104] Han X,Praet C L,Wang L. Tourist social interaction in the co-creation and co-destruction of tourism experiences among Chinese outbound tourists[J]. Tourism Planning & Development,2021(2).

[105] Huang Z, Cai L A, Yu X, et al. A further investigation of revisit intention:A multigroup analysis[J]. Journal of Hospitality Marketing & Management,2014(8).

[106] Hulten B. Sensory Marketing:The Multi-Sensory Brand-Experience Concept[J]. European Business Review,2011(3).

[107] Ignatov E,Smith S. Segmenting Canadian culinary tourists[J]. Current Issues in Tourism,2006(3).

[108] Langridge D. Introduction to research methods and data analysis in psychology[M]. Harlow:Pearson,2004.

[109] Jaakson R. Beyond the tourist bubble?:Cruiseship passengers in port[J].

Annals of Tourism Research,2004(1).

[110] Jamal S A,Othman N A,Muhammad N M N. Tourist perceived value in a community-based homestay visit:An investigation into the functional and experiential aspect of value[J]. Journal of Vacation Marketing,2011 (1).

[111] Jang S,Ha J. The influence of cultural experience:Emotions in relation to authenticity at ethnic restaurants[J]. Journal of Foodservice Business Research,2015(3).

[112] Johnson C M,Sharkey J R,Dean W R,et al. It's who I am and what we eat. Mothers food-related identities in family food choice[J]. Appetite, 2011(1).

[113] Johnson G R. Wine tourism in New Zealand:A national survey of wineries 1997[D]. Dunedin:University of Otago,1998.

[114] Jung T H,Lee H,Chung N,et al. Cross-cultural differences in adopting mobile augmented reality at cultural heritage tourism sites [J]. International Journal of Contemporary Hospitality Management, 2018 (3).

[115] Kang M,Moscardo G. Exploring cross-cultural differences in attitudes towards responsible tourist behaviour:A comparison of Korean, British and Australian tourists[J]. Asia Pacific Journal of Tourism Research, 2006(4).

[116] Karim S A,Chi C G. Culinary tourism as a destination attraction:An empirical examination of destinations' food image [J]. Journal of Hospitality Marketing & Management,2010(6).

[117] Khoi B H,Tuan N V. Using SmartPLS 3. 0 to analyse internet service quality in Vietnam [C]. International Econometric Conference of Vietnam,Springer,Cham,2018.

[118] Kim H W,Chan H C,Gupta S. Value-based adoption of mobile internet: An empirical investigation[J]. Decision support systems,2007(1).

[119] Kim M J,Hall C M,Kim D-K. Predicting environmentally friendly eating out behavior by value-attitude-behavior theory:Does being vegetarian reduce food waste? [J]. Journal of Sustainable Tourism,2020(6).

[120] Kim S, Park E, Lamb D. Extraordinary or ordinary? Food tourism motivations of Japanese domestic noodle tourists [J]. Tourism

Management Perspectives,2019(29).

[121] Konuk F A. The influence of perceived food quality, price fairness, perceived value and satisfaction on customers' revisit and word-of-mouth intentions towards organic food restaurants[J]. Journal of Retailing and Consumer Services,2019(50).

[122] Kwok M L J,Wong M C M,Lau M M. Examining how environmental concern affects purchase intention:Mediating role of perceived trust and moderating role of perceived risk [J]. Contemporary Management Research,2015(2).

[123] Lai I K W. An examination of satisfaction on word of mouth regarding Portuguese foods in Macau: Applying the concept of integrated satisfaction [J]. Journal of Hospitality and Tourism Management, 2020 (43).

[124] Lai M Y,Wang Y,Khoo-Lattimore C. Do food image and food neophobia affect tourist intention to visit a destination? The case of Australia[J]. Journal of Travel Research,2020(5).

[125] Lee S,Park H,Ahn Y. The influence of tourists' experience of quality of street foods on destination's image,life satisfaction,and word of mouth: The moderating impact of food neophobia[J]. International Journal of Environmental Research and Public Health,2020(1).

[126] Lin P M, Michael O C, Ching A W. Tourists' private social dining experiences[J]. Tourist Studies,2021(2).

[127] Lin Y C,Pearson T E,Cai L P. Food as a form of destination identity:A tourism destination brand perspective [J]. Tourism and Hospitality Research,2011(11).

[128] Lorenz-Walther B A,Langen N,Göbel C,et al. What makes people leave less food? Testing effects of smaller portions and information in a behavioral model[J]. Appetite,2019(139).

[129] Mak A H N,Lumbers M,Eve A,et al. An application of the repertory grid method and generalised Procrustes analysis to investigate the motivational factors of tourist food consumption [J]. International Journal of Hospitality Management,2013(35).

[130] Mak A H N, Lumbers M, Eve A, et al. The effects of food-related personality traits on tourist food consumption motivations [J]. Asia

Pacific Journal of Tourism Research,2016(1).

[131] Mak A H N. Motivations underlying tourist food consumption[C] // In Pforr C, Phau I. (Eds.) Food, wine and China: A tourism perspective. Abingdon:Routledge,2018(5).

[132] Mak A H,Lumbers M,Eves A,et al. An application of the repertory grid method and generalised Procrustes analysis to investigate the motivational factors of tourist food consumption [J]. International Journal of Hospitality Management,2013(35).

[133] Mak A, Lumbers M, Eves A. Factors influencing tourist food consumption[J]. International Journal of Hospitality Management, 2012 (3).

[134] Mason R O,Mahony B. On the trail of food and wine:The tourist search for meaningful experience[J]. Annals of Leisure Research,2007(3&4).

[135] Mencarelli R, Lombart C. Influences of the perceived value on actual repurchasing behavior: Empirical exploration in a retailing contex[J]. Journal of Retailing and Consumer Services,2017(38).

[136] Mkono M,Markwell K,Wilson E. Applying Quan and Wang's structural model of the tourist experience: A Zimbabwean netnography of food tourism[J]. Tourism Management Perspectives,2013(5).

[137] Mohamed M E, Lehto X, Hewedi M. Naive destination food images: Exploring the food images of non-visitors[J]. Journal of Hospitality and Tourism Management,2021(47).

[138] Mwencha P M,Muathe S M,Thuo J K. Effects of perceived attributes, perceived risk and perceived value on usage of online retailing services [J]. Journal of Management Research,2014(2).

[139] Okumus B, Taheri B, Giritlioglu I, et al. Tackling food waste in all-inclusive resort hotels [J]. International Journal of Hospitality Management,2020(88).

[140] Önder I, Marchiori E. A comparison of pre-visit beliefs and projected visual images of destinations [J]. Tourism Management Perspectives, 2017(21).

[141] Orth U R,Crouch R C. Is beauty in the aisles of the retailer? Package processing in visually complex contexts[J]. Journal of Retailing, 2014 (4).

[142] Pan X F, Rasouli S, Timmermans H, Harry T. Investigating tourist destination choice: Effect of destination image from social network members[J]. Tourism Management,2021(83).

[143] Phillips W J, Asperin A, Wolfe K. Investigating the effect of country image and subjective knowledge on attitudes and behaviors: U. S. Upper Midwesterners' intentions to consume Korean food and visit Korea[J]. International Journal of Hospitality Management,2013(32).

[144] Ragb H, Mahrous A A, Ghoneim A. A proposed measurement scale for mixed-images destinations and its interrelationships with destination loyalty and travel experience[J]. Tourism Management Perspectives, 2020(35).

[145] Rasoolimanesh S M, Seyfi S, Rastegar R. Destination image during the COVID-19 pandemic and future travel behavior: The moderating role of past experience[J]. Journal of Destination Marketing & Management, 2021(21).

[146] Retting S, Pasamanick R. Moral value structure and social class [J]. Sociometry,1961(1).

[147] Robinson E. Perceived social norms and eating behaviour: An evaluation of studies and future directions[J]. Physiology & Behavior,2015(152).

[148] Schanes K, Dobernig K, Gözet B. Food waste matters: A systematic review of household food waste practices and their policy implications [J]. Journal of Cleaner Production,2018(182).

[149] Shelomi M. Why we still don't eat insects: Assessing entomophagy promotion through a diffusion of innovations framework[J]. Trends in food science & technology,2015(2).

[150] Sivrikaya K K, Pekersen Y. The impact of food neophobia and sensation seeking of foreign tourists on the purchase intention of Traditional Turkish Dood [J]. International Journal of Gastronomy and Food Science,2020(21).

后　记

　　美食与旅游一直是心头好。自十年前完成了关于美食和旅游的博士论文,这一选题一直是我心口的朱砂痣,不敢碰,却又不能舍。心心念念想写一本关于旅游和美食的书,却担心一不小心写成了旅游中的饮食指南,未能形成理论贡献。兜兜转转十年后,又拎起了这一命题。只是世事多变,实践和理论都有了很大的发展。如果说2004年,在福建的下洋镇,发现漳州和龙岩的游客去到那里,并不是为了参观初溪的土楼,而是为了下洋桥头一碗牛肉丸;2010年,在江苏的盱眙县,看到小龙虾对苏中地区居民的吸引力一点都不亚于世界遗产明祖陵,都还是在短途休闲的框架之下的偶有所见,那么今日的饮食在各群体的旅游活动中意义越发凸显,超级文和友、宽窄巷子都是现象级的旅游者餐饮打卡地。继成都之后,扬州、顺德、澳门、淮安纷纷以美食为特色,加入联合国的创意城市网络。浙江省也开启了主推地方美食的"百县千碗"工程。可以说十年前预见的旅游目的地以美食为要素的产品发展,在今时今日得到了实践的印证。

　　在理论上,关于美食和旅游的研究虽非热议话题,却也始终处于学者研究的视野之下,渐渐累积了较多的新思想、新观点和新发现。对于我个人而言,十年里在学术思想上也有了一些新的心得。一是更深刻地理解了旅游的情境以及在这一底层逻辑下旅游者行为所表现出来的特殊性。旅游自始至终都是一个从常居地向目的地流动的过程,所以常居地的文化图式会深刻烙印于旅游者心智中;旅游也自始至终只是一个在目的地短暂停留的过程,所以所遇皆陌生是旅游者不得不面对的现实;正是因为旅游的特定情境,旅游者的购后行为不会局限于对美食本身,而是会延展到目的地。二是更具有人文的关怀。如果十年前看饮食消费更多只是消费,十年后再看饮食消费会考虑到食物浪费、绿色消费、负责任旅游等更深层次的价值;如果十年前看目的地美食开发只会考虑产品开发,十年后会从绿色供应链考虑到集约化、少污染的发展模式。三是更注重对实践的意义。在今时今日,我也会常常叩问自己为什么要做这个研究。特别是在研究受到各类项目资助之时,更会扪心自问何以回馈,才能受之无愧。做有用的学问,能为社会带来些许增益,将是从现在到未来一直秉持的学术理想。

　　正是基于上述的理念,本书融入了十年来所发表的关于非惯常环境、美食旅游、消费者体验、绿色供应链的一系列文章。虽是旧话题,却有新思想。在撰写的过程中,本书得到了共同作者夏明博士的鼎力支持,他不仅撰写了部分章节内容,也参与了全书的统稿和定稿;本书得到了来自浙江工商大学旅游管理专业硕士研究生的协助,研究生刘亚菲、周荣、程诗韵分别为本书的第4、5、7章贡献了近1万字的初稿,本科生徐嘉钰参与了第6章的资料整理;还得到了浙江中医药大学食品卫生与营养学专业选修"食品文化""药食同源食品与饮食保健"等课程的同学的帮助,提供了大量的调查资料。在文稿付梓之际,向所有参与者致以衷心的感谢。

旅游与饮食都是与生活密切相关的学科,它们面临的问题也源自生活。在新的时代背景下,旅游与饮食最能充分体现人民对美好生活的向往。我们期待此书的刊行,能够推动旅游目的地的饮食文化得到健康和繁荣的发展,让更多的旅游者体验到"舌尖上的旅行",享受美好生活。

管婧婧

壬寅虎年隆冬于杭州